中华砚文化汇典

中华炎黄文化研究会砚文化委员会 主编

刘克唐 刘刚 著

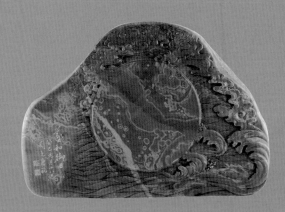

砚种 卷

鲁砚

人民美术出版社
北京

《中华砚文化汇典》
编撰说明

一、《中华砚文化汇典》(以下简称《汇典》)是由中华炎黄文化研究会主导、中华炎黄文化研究会砚文化委员会主编的重点文化工程,启动于2012年7月,由时任中华炎黄文化研究会副会长、砚文化联合会会长的刘红军倡议发起并组织实施。指导思想是:贯彻落实党中央关于弘扬中华优秀传统文化一系列指示精神,系统挖掘和整理我国丰富的砚文化资源,对中华砚文化中具有代表性和经典的内容进行梳理归纳,力求全面系统、完整齐备,尽力打造一部有史以来内容最为丰富、涵括最为全面、卷帙最为浩瀚的中华砚文化大百科全书,以填补中华优秀传统文化的空白,为实现中华民族伟大复兴的中国梦做出应有贡献。

二、全书共分八卷,每卷设基本书目若干册,分别为:《砚史卷》,基本内容为历史脉络、时代风格、资源演变、代表著作、代表人物、代表砚台等;《藏砚卷》,基本内容为博物馆藏砚、民间藏砚;《文献卷》,基本内容为文献介绍、文献原文、生僻字注音、校注点评等;《砚谱卷》,基本内容为砚谱介绍、砚谱作者介绍、砚谱文字介绍、砚上文字解释等;《砚种卷》,基本内容为产地历史沿革、材料特性、地质构造、资源分布、资源演变等;《工艺卷》,基本内容为工艺原则、工艺标准、工艺传统、工艺演变、工具及砚盒制作等;《铭文卷》,基本内容为铭文作者介绍、铭文、铭文注释等;《传记卷》,基本内容为人物生平、人物砚事、人物评价等。

三、此书编审委员会成员由著名学者、专家组成。名誉主任许嘉璐是第九、十届全国人民代表大会常务委员会副委员长,中华炎黄文化研究会会长,并作总序。九名编审委员都是在我国政治、历史、文化、专业方面有重要成果的专家或知名学者。

四、此书编撰委员会设主任委员、副主任委员、学术顾问和委员若干人,每卷设编撰负责人和作者。所有作者都是经过严格认真筛选、反复研究论证确定的。他们都是我国砚文化领域的行家，还有的是亚太地区手工艺大师、中国工艺美术大师等，他们长年坚守在弘扬中华砚文化的第一线，有着丰富的实践经验和大量的研究成果。

五、此书编务委员会成员主要由砚文化委员会的常务委员、工作人员等组成。他们在书籍的撰写和出版过程中，做了大量的组织协调和具体落实工作。

六、在《汇典》的编撰过程中，主要坚持三个原则：一是全面系统真实的原则。要求编撰人员站在整个中华砚文化全局的高度思考问题，不为某个地域或某些个人争得失，最大限度搜集整理砚文化历史资料，广泛征求砚界专家学者意见，力求全面、系统、真实。二是既尊重历史，又尊重现实的原则。砚台基本是按砚材产地来命名的，然后再论及坑口、质地、色泽和石品。由于我国行政区域的不断划分，有些砚种究竟属于哪个地方，出现了一些争议，编撰中始终坚持客观反映历史和现实，防止以偏概全。三是求同存异的原则。对已有充分论据、大多认可的就明确下来；对有不同看法、又一时难以搞清的，就把两种观点摆出来，留给读者和后人参考借鉴，修改完善。依据上述三条原则，尽力考察核实，客观反映历史和现实。

参与《汇典》编撰的砚界专家、学者和工作人员近百人，几年来，大家查阅收集了大量资料，进行了深入调查研究，广泛征求了意见建议，尽心尽责编撰成稿。但由于中华砚文化历史跨度大，涉及范围广，可参考资料少，加之编撰人员能力水平有限，书中难免有粗疏错漏等不尽如人意的地方，希望广大读者理解包容并批评指正。

《中华砚文化汇典》
总　序

　　砚，作为中华民族独创的"文房四宝"之一，源于原始社会的研磨器，在秦汉时期正式与笔墨结合，于唐宋时期产生了四大名砚，又在明清时期逐步由实用品转化为艺术品，达到了发展的巅峰。

　　砚，集文学、书法、绘画、雕刻于一身，浓缩了中华民族各朝代政治、经济、文化、科技乃至地域风情、民风习俗、审美情趣等信息，蕴含着民族的智慧，具有历史价值、艺术价值、使用价值、欣赏价值、研究价值和收藏价值，是华夏文化艺术殿堂中一朵绚丽夺目的奇葩。

　　自古以来，用砚、爱砚、藏砚、说砚者多，而综合历史、社会、文化及地质等门类的知识并对其加以研究的人却不多。怀着对中国传统文化传承与发展的责任感和使命感，中华炎黄文化研究会砚文化委员会整合我国砚界人才，深入挖掘，系统整理，认真审核，组织编撰了八卷五十余册洋洋大观的《中华砚文化汇典》。

　　《中华砚文化汇典》不啻为我国首部砚文化"百科全书"，既对砚文化璀璨的历史进行了梳理和总结，又对当代砚文化的现状和研究成果作了较充分的记录与展示，既具有较高的学术性，又具有向大众普及的功能。希望它能激发和推动今后砚学的研究走向热络和深入，从而激发砚及其文化的创新发展。

　　砚，作为传统文化的物质载体之一，既雅且俗，可赏可用，散布于南北，通用于东西。《中华砚文化汇典》的出版或可促使砚及其文化成为沟通世界华人和异国爱好者的又一桥梁和渠道。

许嘉璐

2018 年 5 月 29 日

《砚种卷》
序

    《砚种卷》是《中华砚文化汇典》（以下简称《汇典》）的第五分卷，共二十余册。其基本内容是两部分：一是文字，主要介绍各砚种发展史、材料特性、地质构造、资源分布、雕刻风格、制作工艺等；二是图片，主要展示产地风光、材料坑口、开采作业、坑口示例、石品示例与鉴别等。

    由于我国地域辽阔，且在很长一段历史时期内生产落后、交通不畅、信息闭塞，致使砚这类书写工具往往就地取材、就地制作，呈遍地开花之势。据不完全统计，在我国，北起黑龙江，南至海南，东自台湾，西到西藏的广袤大地上，有32个省、市、自治区历史上和现在均有砚的产出，先后出现的砚种有300余个，仅石砚可以查到名字的就有270余个，蔚为大观，世所罕见。它们石色多样，纹理丰富，姿态万千，变化无穷，让人赏心悦目；它们石质缜密，温润如玉，软硬适中，发墨益毫，叫人赞不绝口；它们因材施艺，各具风格，技艺精湛，巧夺天工，使人叹为观止。除石质砚外，还有砖瓦砚、玉石砚、竹木砚、漆砂砚、陶瓷砚、金属砚、象牙砚，甚至是橡胶砚、水泥砚等等，琳琅满目，美不胜收。

    然而令人遗憾的是，由于历史的局限，我们的这些瑰宝，有的已经被岁月湮没，其产地、石质、纹色、雕刻甚至名字也没有留下，有的砚虽然"幸存"下来，也有文字记载，有的还上了"砚谱""砚录"，但文字大多很简单，所谓图像也是手绘或拓片，远不能表现出砚的形制、质地、纹色、图案、雕刻风格。至于砚石的性质、结构、成分，更无从谈起。及至近现代，随着摄影和印刷技术的出现和发展、出版业的兴起和繁荣，有关砚台的书籍、画册不断涌现，但多是形单影只，真正客观、公正、全面、系统地介绍中国砚台的书也不多，一些书中也还存在着谬误和讹传，这些都严重阻碍了砚文化的继承、传播和发展。

    《砚种卷》在编撰中，充分利用现有资源，广泛深入调查研究，尽最大努力将历史上曾经出现的砚和现在有产出的砚尽可能搜集起来,将其品种、历史、产地、坑口、石质、纹色、雕刻风格、代表人物和精品砚作等最大限度地展现出来,使其成为具有权威性、学术性和可读性的典籍。其中《众砚争辉》集中收录介绍了两百余种砚台,为纲领性分册;《鲁砚》《豫砚》等为本省的综合册,当地其他砚种作为其附属部分;其余均以一册一砚的形式详细介绍了"四大名砚"——端砚、歙砚、洮砚、澄泥砚及苴却砚、松花砚等较有名气的地方砚。这些分册史料翔实,内容丰富,文字严谨,图片精美,比较完整准确地反映了这些砚种的历史和现状。

随着时间的推移,一些新的考古发掘会让一些砚种的历史改写,一些历史文献的发现会使我们的认识相对滞后,一些新砚种的开发会使我们的砚坛更加丰富,一些新的砚作会为我国的砚雕艺术增光添彩,但这些不会让《汇典》过时,不会让《汇典》失色,其作为前无古人的壮举将永载史册。

《砚种卷》各册均由各砚种的砚雕名家、学者严格按《汇典》编写大纲撰稿。他们长年在雕砚和研究的第一线,最有发言权。他们为书稿付出了巨大的心血和努力,因此,其著述颇具公信力。尽管如此,受各种条件的制约,这中间也会有这样那样的缺点甚至谬误,敬希砚界专家、学者、同人和砚台的收藏者、爱好者及广大读者,在充分肯定成绩的同时,也给予批评指正。

关　键

2017 年 10 月于京华冷砚斋

《鲁砚》
序

　　20世纪60年代，当我还仅是一个十几岁娃娃的时候，石可先生就提出"鲁砚"这一概念。当我开始制砚后，随着知识的积淀，随着对"鲁砚"进行一番梳理后，才慢慢地体味到"鲁砚"概念并不是先生一时的心血来潮。因为先生的老师王献唐是一位金石学家，精于历史、考古、文学、训诂、版本、目录之学，而王献唐也是逢佳砚必铭，对制砚，更是推崇清代著名画家高凤翰的制砚风格。于是，"鲁砚"经过几代人的传承，从而形成了今天有别于其他兄弟砚种的风格。

　　屈指算来，余事砚业不知不觉近五十个春秋，在这五十个春秋里，许许多多的师长和朋友对我的帮助和教诲，如一幕幕电影，深深地印在我的脑海中，印在我的记忆里。幼时乡贤董印桓先生教我识字、读书，教我读经、史、子、集。就在这懂与不懂之间，我完成了从童年到少年的转换。自幼喜欢写写画画的我，得到任迁桥、高天祥的教诲，本认为可以从事写写画画这一行当，然而，世事弄人，却又从事于制砚。好在写写画画和制砚有着一定的关联，于是就干一行爱一行吧，谁知这一干就转瞬近于暮年。

　　回首制砚，近五十个春秋的心路历程，石可先生、姜书璞先生对我的教诲，使我受益匪浅。蔡鸿茹先生使我有幸三次参观天津博物馆的藏砚，并对一些佳砚上手拜读，这使我认识到我们这一代砚人与古代文人的差异。

　　石可先生曾多次对我讲，制砚不仅仅是技艺，更应从砚外处努力，多读书，读好书，还要从生活中发现美，多到大山名川、名胜古迹去走一走，从中汲取营养，对制砚大有裨益。我牢记心中，终身受益。

　　当下西风东渐，砚文化向何处去，路怎么走，我想这是我们这一代砚人的责任所在。许多砚种和"鲁砚"一样，砚不为砚的现象依然存。在只要我们努力了，砚道、砚味的回归也就不远了。

　　这本书是对石可先生《鲁砚》一书的延续和补充，当然我不能，也不可能达到石可先生《鲁砚》的高度，但是我努力了。

　　谨以此书献给恩师石可先生。

刘克唐

2018 年 8 月 8 日

刘克唐

（1952 年— ），山东临沂人，高级工艺美术师。亚太地区手工艺大师、中国工艺美术大师、中华炎黄文化研究会砚文化委员会常务副会长、山东省鲁砚协会首席顾问、山东工艺美术学会副理事长、山东省工艺美术协会砚文化发展研究中心首席专家、岭上砚文化博物馆艺术总监。

刘克唐是我国治砚行业的著名艺术家，其艺术成就在国内外都有重大影响。他的治砚作品曾多次作为国礼赠送与外国国家元首。他作为工艺美术行业的杰出代表，受到党和国家领导人的多次接见。他还广收门徒，传授砚学，对砚文化等中国传统文化的宣传与推广做出贡献。

他治砚之余，著述立作，研习书画，以提高其自身修养，并融会到治砚当中。在他长期艺术创作实践中，实现了"天人合一""古朴典雅"的艺术主张，他的作品以新颖的构思，质朴的手法，简洁抒情，赋顽石以生命；返璞归真，取天工之造化。蕴意深邃，融 华夏五千年文化于其中，具有鲜明的"文人砚"特色。

刘刚

（1987— ）字铁生，第二届山东省工艺美术名人，出生于书圣故里临沂。2010年游学法国，获艺术设计学硕士研究生文凭。现为临沂岭上砚文化博物馆馆长、山东省工艺美术协会砚文化发展研究中心主任、中国工艺美术大师刘克唐艺术工作室主任、中华炎黄文化研究会砚文化发展委员会会员、山东省工艺美术协会理事、山东省鲁砚协会理事。

其自幼受家庭影响，研习中国传统书法、绘画、雕刻、制砚等。书法、绘画作品曾屡获国内外大奖。绘画、书法、制砚作品被欧洲、东南亚等国机构、友人收藏。《读者》、《山东工艺美术》、《临沂日报》、临沂电视台等媒体都曾对其作过专题报道或发表作品。他的制砚作品风格古朴典雅、简朴大方，具有鲜明的时代特色。

目 录

第一章　鲁砚的历史 ……………………………………… 021

第二章　鲁砚的定名 ……………………………………… 031

第三章　鲁砚的恢复与发展 …………………………… 037

第四章　鲁砚及各地砚石
　　第一节　红丝石 ……………………………………… 051
　　第二节　徐公石 ……………………………………… 058
　　第三节　金星石 ……………………………………… 064
　　第四节　淄石 ………………………………………… 067
　　第五节　薛南山石 …………………………………… 072
　　第六节　尼山石 ……………………………………… 073
　　第七节　燕子石 ……………………………………… 077
　　第八节　龟石 ………………………………………… 082
　　第九节　田横石 ……………………………………… 085
　　第十节　浮莱山石 …………………………………… 087
　　第十一节　砣矶石 …………………………………… 089
　　第十二节　紫金石 …………………………………… 094
　　第十三节　鲁柘澄泥砚 ……………………………… 096
　　第十四节　山东其他砚材 …………………………… 100

第五章　鲁砚的石品纹理特征

第一节　青州、临朐红丝石 …………………………………… 106

第二节　淄石的雪浪金星和虞望山的淄砚新品种 …………… 109

第三节　金星石的虫蚀边、金星、石彩纹理与子石 ………… 110

第四节　徐公石的自然形边饰、冰纹及纹理 ………………… 112

第五节　薛南山石的自然边饰和石彩纹理 …………………… 114

第六节　龟石的环状纹理 ……………………………………… 115

第七节　尼山石的松叶纹和豆青色砚材 ……………………… 116

第八节　田横石子石 …………………………………………… 117

第九节　砣矶砚的雪浪金星及彩色砚材 ……………………… 118

第十节　三叶虫化石中各种形态的燕子、蝙蝠状化石 ……… 119

第六章　鲁砚的制作 ……………………………………………… 121

第七章　鲁砚的艺术风格 ………………………………………… 129

第八章　鲁砚创作的几个特征

第一节　惨淡经营、天人合一 ………………………………… 136

第二节　规矩方圆、奇形正体 ………………………………… 140

第三节　自然简朴、虚实相宜 ………………………………… 143

第四节　大巧若拙　刚柔并济 ………………………………… 148

第九章　鲁砚的铭文及制作

第一节　砚铭的格式 …………………………………………… 154

第二节　砚铭的撰写 …………………………………………… 157

第三节　砚铭的位置经营 ⋯⋯⋯⋯⋯⋯⋯⋯⋯⋯⋯ 158

第四节　砚铭的书写 ⋯⋯⋯⋯⋯⋯⋯⋯⋯⋯⋯⋯⋯ 159

第五节　砚铭的雕刻 ⋯⋯⋯⋯⋯⋯⋯⋯⋯⋯⋯⋯⋯ 160

第六节　砚铭字体之美 ⋯⋯⋯⋯⋯⋯⋯⋯⋯⋯⋯⋯ 161

第十章　鲁砚的创作灵魂 ⋯⋯⋯⋯⋯⋯⋯⋯⋯ 165

第十一章　高山仰止

鲁砚开宗立派的大家石可 ⋯⋯⋯⋯⋯⋯⋯⋯⋯⋯ 170

第十二章　鲁砚名家

姜书璞 ⋯⋯⋯⋯⋯⋯⋯⋯⋯⋯⋯⋯⋯⋯⋯⋯⋯ 188

天人合一徐公砚——姜书璞先生治砚艺术赏析（节选） ⋯⋯ 189

叶莲品 ⋯⋯⋯⋯⋯⋯⋯⋯⋯⋯⋯⋯⋯⋯⋯⋯⋯ 195

高星阳 ⋯⋯⋯⋯⋯⋯⋯⋯⋯⋯⋯⋯⋯⋯⋯⋯⋯ 197

高洪刚 ⋯⋯⋯⋯⋯⋯⋯⋯⋯⋯⋯⋯⋯⋯⋯⋯⋯ 199

刘希斌 ⋯⋯⋯⋯⋯⋯⋯⋯⋯⋯⋯⋯⋯⋯⋯⋯⋯ 204

丁辉 ⋯⋯⋯⋯⋯⋯⋯⋯⋯⋯⋯⋯⋯⋯⋯⋯⋯⋯ 207

傅绍祥 ⋯⋯⋯⋯⋯⋯⋯⋯⋯⋯⋯⋯⋯⋯⋯⋯⋯ 209

刘克唐 ⋯⋯⋯⋯⋯⋯⋯⋯⋯⋯⋯⋯⋯⋯⋯⋯⋯ 213

制砚平生诗画补闲（节选） ⋯⋯⋯⋯⋯⋯⋯⋯⋯⋯ 220

第十三章　鲁砚的使用保养和收藏 ⋯⋯⋯⋯⋯⋯ 225

第一节　鲁砚的使用 ⋯⋯⋯⋯⋯⋯⋯⋯⋯⋯⋯⋯ 226

第二节　砚石的保养和收藏 ⋯⋯⋯⋯⋯⋯⋯⋯⋯⋯ 229

第十四章　鲁砚精品欣赏 ··· 231

红丝石砚精品欣赏 ··· 232

徐公石砚精品欣赏 ··· 252

金星石砚精品欣赏 ··· 263

淄石砚精品欣赏 ·· 271

薛南山石砚精品欣赏 ··· 276

尼山石砚精品欣赏 ··· 279

燕子石砚精品欣赏 ··· 285

龟石砚精品欣赏 ·· 289

田横石砚精品欣赏 ··· 294

浮莱山石砚精品欣赏 ··· 297

砣矶石砚精品欣赏 ··· 298

紫金石砚精品欣赏 ··· 306

澄泥石砚精品欣赏 ··· 311

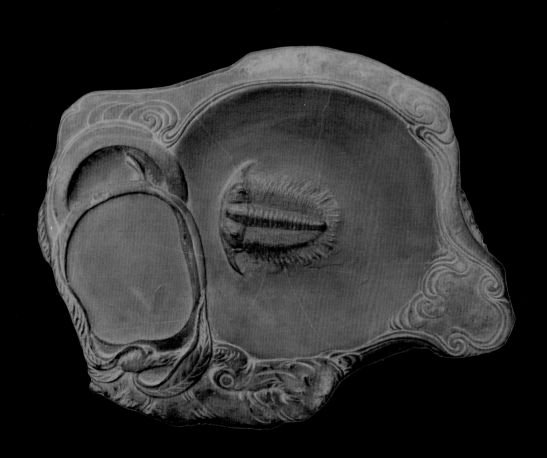

第一章　鲁砚的历史

　　砚，最初是一种实用工具，与捣米臼形似，但因它是一种书画工具，便和那些生活用具有了区别。最早书写文字的工具是"刀"，而后出现了"漆书"，当然就用不着"笔"，不用笔当然也就用不着"砚"。这好像形成了一种共识。其实早在"甲骨"和"漆书"之前的新石器时期，就应当有"笔"和"砚"。仰韶文化中的彩陶图案，线条流美，应当是用"笔"画出来的——最起码是一种原始的"笔"。有"笔"就应当有砚。虽然原始的"笔"是什么样子我们没有见过，但是原始的"砚"我们都已领略过——有学者称其为"研磨器"，其具有研磨出矿物的彩色或墨色的性能。因此，砚的历史非常久远。

　　春秋战国时期的鲁国在今山东，所以山东也简称鲁。山东自古产砚，仅著名砚石就有四五种，故鲁砚闻名天下。

　　山东的砚石分布较为分散，各地的古代地域状况和交通条件、自然人文也不一样，因此各地的产砚历史也有很大差别。端砚人常常引用经典的两首诗，一首是唐李贺《杨生青花紫石歌》，其中有："圆毫促点声静新，孔砚宽顽何足云。"另一首是唐代诗人刘禹锡诗《唐秀才赠端州紫石砚，以诗答之》，其中有："阙里庙堂空归物，开方灶下色天然。"我们能够从中得到一些提示：一是李贺曾见过孔府里一方宽厚而质坚的石砚；二是刘禹锡认为阙里庙堂（孔庙）的砚台是灶下用火烧结而成的，所以不具备天然的味道。那么孔府和孔庙的两方砚台，说明山东的砚台早在公元前551年就已存在。而见于文献和出土砚台历史的依次为临沂金雀山汉墓出土的漆盒长方石板砚，晋代的燕子石砚，唐代的红丝砚、尼山砚，宋元明三代的淄砚，清代的徐公砚、薛南山砚。有的在《砚史》《砚笺》中有记载，品评颇高，有的仅见于地方志中，还有的仅见于民间零星生产。

　　1978 年 11 月，在山东临沂金雀山第 11 号西汉墓中出土的漆盒长方石板砚一件（图 1-1），石质属沉积岩类经变质的板岩。砚盒与盒底的内部同一端各有一方形凹槽，槽中放置方形砚石。砚石长 2.5 厘米，宽 2.5 厘米，厚 0.2 厘米。砚石磨面因使用变得光滑，粘在一块长 2.5 厘米、宽 2.5 厘米、厚 1.1 厘米的方形木板上。在沂南县北寨东汉墓中还出土一件"五龙戏珠三足砚"（图 1-2）。《西清砚谱》中有一方被定为陶之属的汉砖多福砚，实为三叶虫化石的薄层灰岩。早在 1400 多年前，东晋文学家郭璞注释《尔雅》时在提到蝙蝠石时，就曾谈到齐人以该石制砚一事，称其为"蠛墨砚"。清代学者王士禛（渔洋）在《池北偶谈》中云："邹平张尚书（张华）崇祯间游泰山，宿大汶口，偶行汶水滨，水中得石，作多福砚。"清盛百二《淄砚录》中亦有此石的记载，称其为"鸿福砚"。《西清砚谱》的编纂者由于历史条件所限（或根本就没见过三叶虫化石），将其误列为陶之属。

图 1-1　山东省临沂金雀山第 11 号西汉墓出土的石砚及漆盒

图 1-2　山东省沂南北寨东汉墓出土的五龙戏珠三足砚

图1-3　唐代箕形红丝砚　山东省博物馆藏

图1-4　北宋箕形"紫金砚"

图1-5　米芾紫金砚砚铭拓片

1926年，在山东益都出土了一方唐代箕形红丝砚（图1-3）。该砚为箕形，底有双足，石色深紫，石质润泽纯净，为典型的唐砚，是我们今天所能见到的最早的唐代红丝砚实物。红丝砚在唐宋两代即享盛名，并曾被推为四大名砚之首，青州红丝砚之后为端、歙、洮砚。宋姚令威《西溪丛话》云："……王建宫词中之红砚即红丝砚，柳公权喜用青州红丝砚，江南李氏时（南唐）犹重之。"欧阳修《砚谱》："以青州红丝为第一。"宋唐彦猷《砚录》云："此石之至灵者，非他石可比较，故列于首。"苏易简《文房四谱》称："天下之砚四十余品，青州红丝石第一，端州柯斧山石第二，歙州龙尾山石第三。"由此可见唐宋时对红丝砚的品评甚高。然而由于历史的变迁、朝代的更替，至南宋时，政治、文化南移，青州地域受少数民族所统治，红丝砚被澄泥砚所替代，不能不是其原因之一。

1973年，在北京元大都遗址中出土了箕形"紫金砚"（图1-4）。砚背有北宋文人、书画家米芾的铭文（图1-5）："此琅琊紫金石所镌，颇易得墨，在诸石之上，自永徽始制砚，皆以为端，实误也，元章。"此砚原为宋徽宗所有。米芾的《紫金帖》中曾写道："新得紫金右军乡石，力疾书数日也，吾不来，果不复用此石矣。"又写道："苏子瞻携吾紫金研去，嘱其子入棺。吾今得之，不以敛。传世之物，岂可与清净圆明本来妙觉真常之性同去住哉？"米芾并将此砚的流传过程写入《宝晋英光集》。

另外还有见于宋墓中出土的一组箕形淌池砚，其中有石砚，也有陶砚，砚面加工较为精细，而背后刀凿（或刀铲）的加工痕迹较浓。虽为冥器，但不论陶质还是石质都非常细嫩，发墨状况较好。

天津艺术博物馆所藏明代顾从义摹刻石鼓砚（图1-6），对石鼓石文的研究具有重要的参考价值。历史上许多名人曾将其定为端石，如罗振玉、罗君惕等。笔者曾两次见过该砚，见砚石色苍黑，心存怀疑前人之说，未敢断定。后偶然和收藏家阎家宪先生交谈，

图1-6　明"石鼓砚"　天津艺术博物馆藏

其认定为淄砚。再后和天津艺术博物馆研究员蔡鸿茹先生同行到日本访问，谈起此砚，蔡先生也同意阎先生所说，此为淄砚。至此笔者的疑问方得解开。

淄石制砚在北宋时已盛行。明余怀《砚林》云："宋熙宁中尚淄石砚，神宗亲择尤佳者赐司马温公。"苏东坡称其为"淄石砚"，米芾称其为"淄州砚"，唐彦猷《砚录》详述："淄石可与端、歙相上下。"陆游《蛮溪砚铭》云："龙尾之群，淄韫玉之伯仲也。"所以淄砚又有韫玉之称。古人评砚有"端石尚紫，淄石尚黑"之说。由于淄石有金星闪烁，故又有"金星砚"之说。

山东省博物馆藏有一方高凤翰"雪浪金星砚"（图1-7）。砚长22.5厘米，宽13.4厘米，高5.5厘米，长方形，两侧有铭。左侧为隶书"雪浪金星"。下小字行书"举世老先生属，识于青箱馆，世小弟高凤翰"。右侧为楷书："淄川之石，郁林之竟，东海袖中，春风问字。周文泉夫子由城武调繁莅掖，多善政，归无长物，因出家藏旧砚，借以重舟即以志别，时在癸丑嘉平月吉，受业王仲英谨书。"

以砣矶石制砚，始于宋熙宗年间。宋高似孙，唐彦猷谓之："质理类歙，益墨殊胜。"明代徐渭初宝端歙，转而珍砣矶砚，有五言长诗一首："向者宝端歙，近复珍砣矶。在

图1-7　清　高凤翰淄石"雪浪金星砚"

海感蛟蜃，文理多怪奇。白者为雪浪，星者黄金泥。碎者银作砂，角者丝缠犀。举手摸其理，索索铿响飞。分符军石乡，庸以麌隃麋……"

故宫博物院收藏有清内务府遗留下来一方砣矶砚（图1-8）。此砚石色清中透碧，有雪浪金星，中凝白。周围刻蟠螭五，覆背刻乾隆手书七言诗一首："砣基石刻五蟠螭，受墨何需夸马肝。设以诗中例小品，谓同岛瘦与郊寒。"

图1-8 乾隆御铭砣矶砚拓片 故宫博物院藏

山东境内还有其他石品，有的只是民间零星开采，还有的仅见于地方史志。如《临沂县志》："徐公店，县城北七十华里，产石可为砚，其形方圆不等，边生细碎石乳，不假人工，天趣盎然，纯朴雅观。"《临沂县志》又载："薛南山产石，皆天成砚材，若马蹄、若龟壳，四周若竹节状，小者尤佳。"清乾隆《曲阜县志》载："尼山之石，文理精腻，质坚色黄，可以为砚，得之不易……"再如《临朐县志》载："龟石产辛寨龙岩寺石涧中，天然龟形，磕之底盖自分，质细而润，蓄墨数日不枯。"等等。另外田横石、金星石等石品虽县志无载，而民间零星开采制砚从未间断。

利用断碑残片制砚者亦不乏其人，清代黄易摹刻的"汉武梁祠石刻砚"（图1-9）即为一例。黄易于乾隆五十一年在山东嘉祥访得武梁汉画原石。此砚是用武梁残石改制，背面摹刻画像，四侧分别按初拓本摹刻四面文字，现藏天津艺术博物馆。

清代乾隆以后，中国的制砚艺术逐渐式微。而"文人砚"在制砚式微的局面之下，以文人的审美观并结合制砚艺术的自身特征力挽颓势，其代表人物当属高凤翰。高凤翰字西园，号南村，晚号南阜老人，山东胶州人，工书善画，喜金石。他的许多砚台大都是亲自雕琢而成。他所制砚古朴简练、浑朴凝重。他以诗、书、画、印相结合，情偕神往，妙借天工，并著《砚史》，对后世诸多砚种，特别是对"鲁砚"的影响很大。

图 1-9　清　黄易　以武氏祠残石摹刻汉画像石砚　天津艺术博物馆藏

第二章　鲁砚的定名

　　山东境内可用以制砚的石材繁多（图2-1），据初步统计不下二十余种，而形成生产规模的也不下十几个品种。有早在唐宋时期就享誉盛名、号为诸砚之首的红丝石，有在历史上被誉为"端赏其紫，淄赏其黑"的淄石，有如秋水微波、大如雪浪滚滚的砣矶石，还有仅见于地方县志的徐公石、薛南山石等，不一而足。而这些山东境内各种石材，品种各异，其砚石所含矿物成分也不尽相同。南宋以降，随着政治、经济、文化的南移，

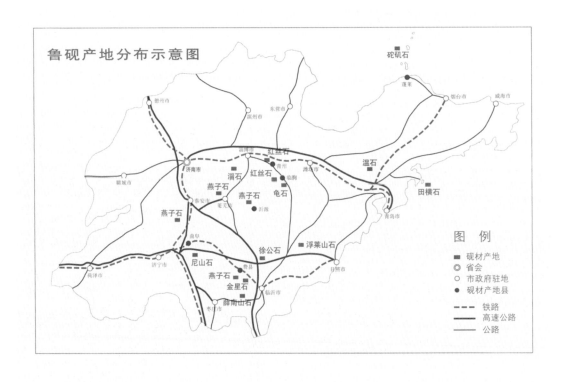

图2-1　鲁砚产地分布示意图

北方，特别是山东的砚，名声每况愈下，因此有学者对"鲁砚"这一名称也有着不同的看法。

20世纪70年代初期，山东各地为出口换汇需要，纷纷建立起砚石厂。这一时期，石可先生首先提出整合山东砚石资源，统一格调，而又各具地域特色。于是，"鲁砚"这一名称呼之欲出，发展到今天，已普遍为砚林各学术团体、文人学者所认可。

"鲁砚"在挖掘、整理、发展的初期，虽然在砚林之中仅仅是小兄弟，不论是历史传承，还是加工工艺，远远落后于其他兄弟砚种。然而由于它的领军人物是文人教授石可，而时任国家领导人谷牧，省领导高启云、孙长林和当时国内著名学者赵朴初、启功、陈叔亮、吴作人、李苦禅、刘海粟、萧劳、史树青等等一大批文人学者亲自参与指导，并身体力行，亲自题写砚铭、画砚图。在鲁砚初期的整合修理阶段，蔡鸿茹先生还亲临济南轻工业学院指导。"鲁砚"挖掘整理的初期，还有一大批带有文人色彩的制砚人姜书璞、高洪刚、丁辉、刘克唐等，他们不论书法、绘画、篆刻还是文学修养等远非一般砚人可比。更有一批能工巧匠高星扬、刘希斌等积极地参与。所以，鲁砚人起步时的整体学识、文化修养和审美观点，远远高于其他兄弟砚种。由此拉开了"鲁砚"的发展序幕。

鲁砚砚石材料矿物砚石资源一览表

编号	经度（东经）	纬度（北纬）	地点	石种	成分	性质	备注
L-01	120° 20′ 40″	36° 23′ 47″	即墨市马山洪阳河底温泉下	温砚石	粉砂质泥岩	沉积	鲁砚石材硬度普遍在摩氏3°—4°，尼山石、淄石（黑）等在2.5°左右。
L-02	120° 57′	36° 25′	即墨市田横岛西海岸	田横砚石	粉砂质泥岩	沉积	
L-03	118° 5′ 8″	36° 41′ 2″	淄博市淄川区罗村洞子沟	淄砚石（黑色）	含粉砂质泥灰岩	沉积	
L-04	117° 53′ 12″	36° 30′ 49″	淄博市博山区安上村倒流河	淄砚石	含泥粉砂质灰岩（偶含黄铁矿）	沉积	

L-05	118° 20′ 56″	36° 42′ 55″	青州市黑山北坡红丝洞	红丝砚石	微晶灰岩（具变形缟纹理）	沉积
L-06	118° 27′ 50″	36° 24′ 20″	临朐县冶源老崖崮	红丝砚石	砖红色具变形缟纹理的微晶灰岩	沉积
L-07	117° 45′ 40″	36° 31′ 8″	淄博市博山区龙口石匣	淄砚石（彩色）	含泥质灰岩	沉积
L-08	117° 40′ 25″	36° 18′ 47″	莱芜市颜庄埠东村南山	燕子石砚石	含三叶虫化石的泥质灰岩	沉积
L-09	117° 5′ 58″	35° 56′ 35″	泰安市岱岳区大汶口南河床	燕子石砚石	含三叶虫化石的泥质灰岩	沉积
L-10	118° 4′ 17″	35° 8′ 37″	费县刘庄寺口	金星砚石	含生物碎屑的灰岩	沉积
L-11	118° 7′	35° 1′ 29″	兰陵县大仲薛南村	薛南山砚石	薄层状泥质灰岩或灰岩透镜体	沉积
L-12	117° 13′ 10″	35° 30′ 30″	曲阜市孔庙村西北	尼山砚石	具粉砂条带的含泥质灰岩	沉积
L-13	118° 34′ 47″	36° 22′ 20″	临朐县辛寨刘家庄南石灰窑	龟砚石	含生物碎屑、泥质灰岩结核	沉积
L-14	118° 42′ 50″	35° 32′ 81″	莒县浮莱山西南	浮莱山砚石	含粉砂微晶灰岩	沉积
L-15	118° 18′ 22″	35° 20′ 52″	沂南县青驼镇徐公店	徐公砚石	含粉砂泥、晶灰岩	沉积
L-16	120° 44′ 24″	38° 10′	长岛县砣矶岛西海岸	砣矶砚石	含白钛矿、硬绿泥、石绢、云母、千枚岩	变质

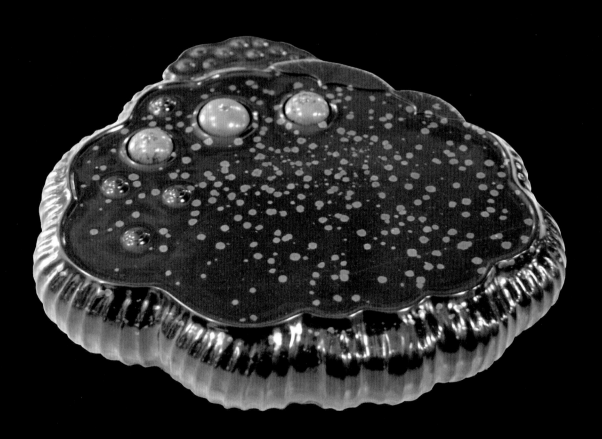

第三章　鲁砚的恢复与发展

　　早在 20 世纪 70 年代初，石可教授就在青岛工艺美术研究所开始了对山东砚材的探索、挖掘、整理和研究。同时国家为了出口换汇的需要，各地先后成立了砚台厂家。1973 年，临沂市大岭村成立了山东第一家砚台厂，以费县所产的金星石为砚材，生产出第一批砚台。同年，石可教授在姜书璞先生的陪同下，亲自到厂进行指导。1974 年 6 月，临沂轻工业局工艺美术组（临沂工艺美术研究所前身）的姜书璞、沈竹华、苏玉林等老师指导并设计出一批砚台样品，送到广州交易会，签订了第一批砚台出口的订单。1976 年，临沂工艺美术研究所成立（临沂工艺美术研究所是一家专门从事砚材挖掘、整理和试制的研究机构），同时招收了第一批学员。这批年轻的学员本身都美术基础过硬。时任单位领导的王维祥根据地方县志查到徐公石、薛南山石、浮莱山石，派职工杜洪祥、刘克唐、蒋红心、鲍玉杰、孙建功先后到各山区寻找矿源，为以后砚台的发展奠定了良好的物质基础。姜书璞设计、刘克唐指导并带领学员进行试制，取得了良好的经济效益。在此期间，又培养了一批各砚石产地的后备人才。与此同时，临朐、淄博、曲阜等地制砚产业也蓬蓬勃勃地发展起来。1976 年，先后建立了十几个制砚厂家，组建了上百人的制砚团队。时任省二轻局（后更名为二轻厅）的局长孙长林获悉石可有振兴"鲁砚"的构想，亲自到省里申请专项资金，统筹安排在各地市、县设立制砚加工厂，并由石可带领人员到各地指导，发现并培养人才。是年秋，各地将所制砚近千方集中于济南，进行整修，并提出以"简朴大方，古朴典雅"的艺术指导思想，筛选出近五百方既符合鲁砚风格，又各具地方特色的砚台。1978 年 6 月，石可率翁明星、姜书璞、董纪平等布展人员到北京进行展品陈列，举办了鲁砚汇报展览。在 7 月底进行的预展中，时任国务院副总理谷牧、轻工业部部长梁灵光及在京的社会名流纷纷到北海团城参观。展期原定一周，而参观的人每天络绎不绝，只得延至两个月。启功先生曾五次光临参观。吴作人、刘海粟、赵朴初、黄永玉、蒋兆和、李一氓、沈从文等在京的艺术大家几乎都到团城，团城一时间成为北京的文化热点。许多大家都给予高度评价，并题词、题诗以赞。其评赞作品达五百余件。

赵朴初题五言诗一首：昔者柳公权，论砚推青州。青州红丝砚，奇异盖其尤。云水行赤天，墨海翻洪流。临观动豪兴，挥笔势难收。品评宜第一，我服唐与欧。

之后乘兴赋词一首：彩笔昔曾歌鲁砚，良材异彩多姿，眼明今更过红丝。护毫欣玉润，发墨喜油滋。道是天成天避席，还推巧手精思，天人合应妙难知。刀裁云破处，神往月圆时。（图3-1）

启功先生题词赞道：唐人早重青州石，田海推迁世罕知。今日层名观鲁砚，百花丛里见红丝。（图3-2）

题词后尤感未能尽兴，又在砚上题铭：砚如瓦，最宜墨，寿无极。石可琢，启功识。

这些题写的诗词，无不激励着鲁砚人、鼓舞着鲁砚人。由此而引起人们对"鲁砚"的关注，鲁砚由此而闻名。

改革开放后，由于体制的变革，"鲁砚"各地的发展也良莠不齐。作为鲁砚的主产地，临沂、临朐顺应时代、顺时应变，融入时代的大潮中。1988年，高星阳在朋友的帮助下，在北京中国工艺美术馆举办了个人砚展，受到谷牧、赵朴初等国家领导人和周汝昌、李苦禅等京城艺术界人士的赞誉，其参展作品也被首都国际机场悉数收购。1988年10月15日至23日，"叶莲品石刻治砚艺术展"在中国美术馆展出，受到在京艺术界人士的一致好评。同年，刘克唐的相思砚、甲骨砚作为珍品由北京中国工艺美术馆永久收藏。

作为以鲁砚为主的研究机构，临沂工艺美术研究所1991年在北京中国工艺美术馆举办"琅琊砚艺展"。这次砚展以翟军德为策划人，刘克唐为总设计师，王伟、鲍玉杰、王世画为主要雕刻人员。这次展览得到党和国家领导人的支持和关怀。时任国家主席李先念亲笔题词："琅琊名砚，文房之宝，艺术珍品。"（图3-3）时任中央军委副主席的刘华清亲自到展览场地进行参观，并作出重要指示。赵朴初先生亲自为展览写了展标

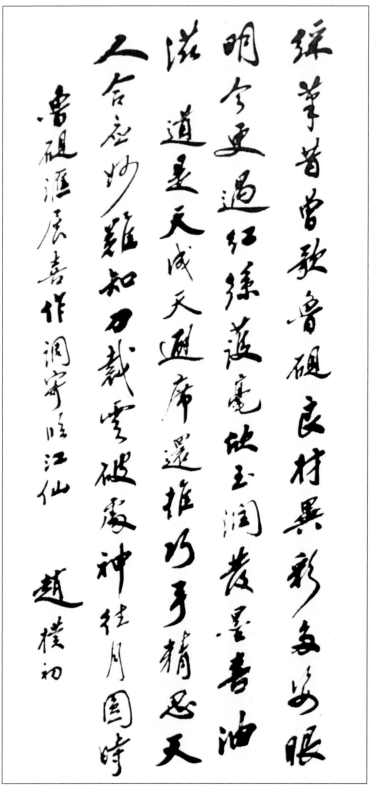

图 3-1　赵朴初观鲁砚展题词

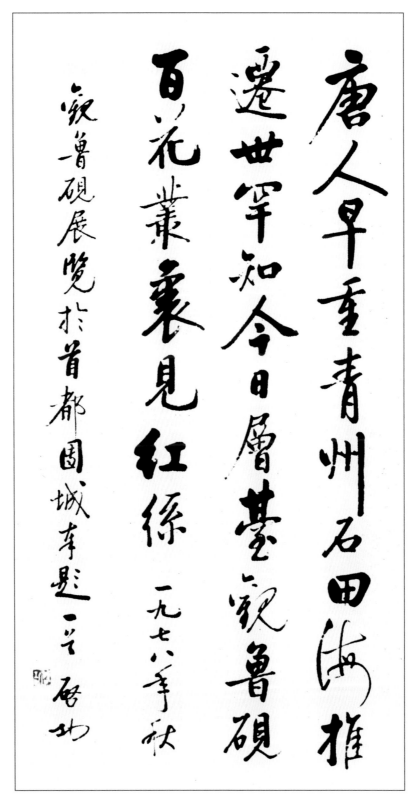

图 3-2　启功观鲁砚展题词

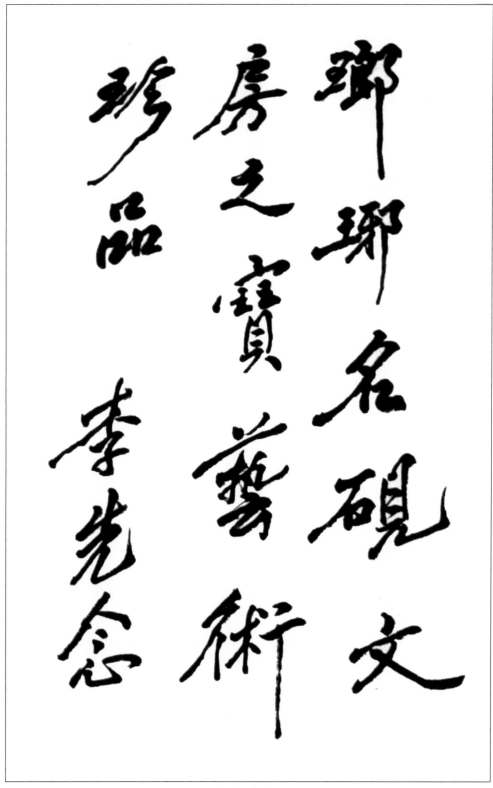

图 3-3　李先念观鲁砚展题词

图 3-4　赵朴初先生题写展标

图 3-5　李苦禅为鲁砚展题词

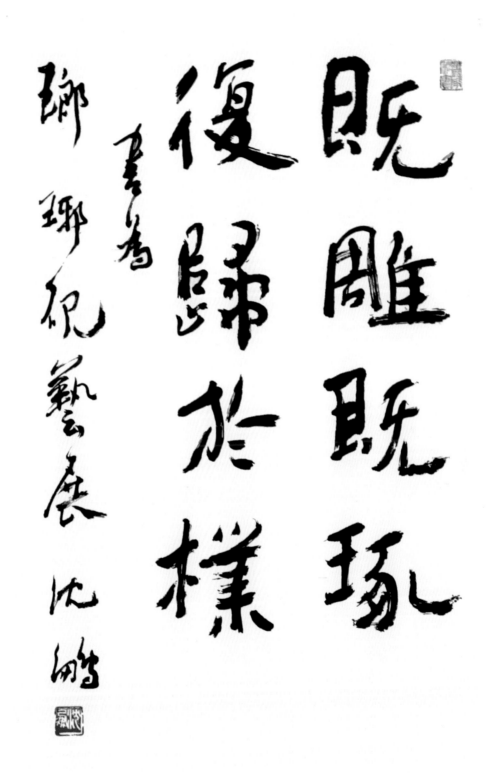

图 3-6　沈鹏为鲁砚展题词

（图 3-4），并题词一首到贺："琅琊石砚特瑰玮，润毫发墨善蓄水。灵奇疑是女娲留，温良倍爱徐公美。"启功、李苦禅（图 3-5）、沈鹏（图 3-6）等一大批在京书画名流纷纷到场进行参观、指导并题词以贺。展览以后，新加坡的连先生购买了其中绝大部分展品，取得了良好的社会效益和经济效益。

1992 年，外交部选用了刘克唐制作的徐公石"听竹砚"作为国礼，由时任国家主席的杨尚昆赠送给来华访问的外国元首。

1993 年，在毛主席诞辰一百周年之际，临沂市工艺美术研究所又一次在北京中国历史博物馆（现中国国家博物馆）进行展出，又一次引起轰动。毛泽东家人张文秋、邵华、毛新宇给予高度关注，邵华、毛新宇亲自到展馆参观。时任军委副主席迟浩田、原中央主要领导人华国锋同志邀请我们到家中做客。

1996 年，刘克唐作为山东工艺美术及鲁砚的代表，获得了中国工艺美术大师的称号。这是中国制砚行业继肇庆端砚之后，第二个获此称号的人物。这充分肯定了鲁砚行业的成就，也是整个鲁砚行业的荣誉。

这一时期，临朐红丝砚和淄博淄砚也出现前所未有的高潮。在石可时期培养的高星扬、高洪刚、丁辉、刘希斌的带领下，经济效应和社会效应也取得了骄人的成绩，并涌现出像傅绍祥一类的文人制砚及张国庆、徐峰等一批优秀的制砚人才。

2004 年以后，青州红丝砚在当地石刻艺人高学志祖孙三代的努力下，终于在黑山之阳发现并挖掘出黑山红丝石。高东亮、杜吉青还分别在青州、淄博开设了红丝砚的专卖店。姜书璞、刘克唐对此给予高度关注，多次到青州给予指导。刘克唐还亲自设计制作出一批黑山红丝砚，于 2009 年在北京首都大酒店展出，引起业界的广泛关注。应新华社之邀，刘克唐接受新华网高端访谈，对鲁砚文化的宣传、推动起了巨大的作用。高东亮、杜吉青还多次带样品到全国各地参加展出，扩大了红丝砚在全国的影响。继石可出版《鲁砚》《鲁砚谱》之后，姜书璞著《姜书璞制砚艺术》《姜书璞天成砚》，刘克唐参与编辑的《中国名砚鉴赏》《刘克唐砚谱》并著《鲁砚的鉴别与欣赏》，傅绍祥著《红丝砚》（两册），相继出版发行。刘克唐论文《论砚十二品和四病》在杂志《收藏界》发表，中国工艺美术杂志、广东工艺美术杂志均予转载。以上这些著作和论文对鲁砚的发展起到理论性指导的作用。

自 20 世纪 80 年代以来，山东各地的制砚人员积极参加了上海、杭州、武汉的博览会和北京文房四宝展会、上海世博会、深圳文博会。据不完全统计，共获省、部级科技进步奖两次，全国及省级各种奖项三百八十余次，涌现出大批后起之秀。

2014 年 4 月 21 日，鲁砚人期盼已久的山东省鲁砚协会在中华炎黄文化研究会砚文化专业委员会的全力支持下召开了成立大会，自此"鲁砚"开始了新的征程。

第四章　鲁砚及各地砚石

　　山东各地所产砚石，品种各异，所含矿物质也不尽相同，因而有学者对"鲁砚"这一称谓有不同的意见也是可以理解的。山东的砚，有些在唐宋时期就享有盛名，有些在元明清的文献中亦有记载，而且有的评价极高，列诸砚之首。还有些砚品不论从石质结构还是发墨状况看，都属于上乘砚材，但仅见县志记述和民间流传。由于南宋以降，文化南迁的历史原因，加之当时山东砚石产地交通不便以及使用砚的文人、学者纷纷南移，致使北方地域文化相对落后。这就是宋代以后的文人学者大都偏爱端、歙的原因。随着明清两代文化中心的北移，明清时期曾出现过文化相对繁荣阶段，山东及北方等地的砚材有了被重新认识的可能。但其在砚史中的地位仍不能和端歙等诸名砚相比。当代文化多元格局得到空前发展，山东及北方等地砚材逐步受到重视，北方砚材重新屹立于砚林，打破传统的非端、歙不砚的历史格局。但这也需要一个过程，需要制砚工作者的不懈努力。"一花独放不是春，万紫千红春满园"，南北方诸砚并存并荣、百花齐放的局面即将到来。

　　从20世纪60年代至今，从事这一方面研究的学者和制砚家经过不断地努力和探索，山东各地的制砚业，不论是学术水平、艺术水平还是技术水平都有着很大的提高。他们综合山东各地砚材的特点，并受清代著名书法家、制砚艺术家高凤翰的影响，探索出简朴大方的风格，并提出"天人合一"的创作理念。这种风格的出现，给人以耳目一新的感觉，它是当代文人砚的代表。个人风格和地域风格都在这一大前提下得以体现。因而山东各地所产的石砚，统称为"鲁砚"是可行的，并逐渐被人们所接受。

　　山东各地所产砚材因其地质结构不同，石质所组成的元素各不相同。制砚工作者根据各地砚材的石质和结构等诸方面因素，创作出具有各自面貌的作品。另外，制砚工作者因其经历、文化修养、性情、年龄的不同，他们的作品风格也各具特色，但这是在"简朴大方"前提下的面貌和特点。下面就各种砚材的质地状况和艺术品评分别作以下简要的综述：

第一节　红丝石

红丝石产地有二，一青州，二临朐。因临朐古为青州所辖，故二地所产皆称青州红丝石。

青州红丝石早在唐宋时期即负盛名。唐代柳公权，宋代欧阳修、唐彦猷、苏易简等均甚重此石，誉为诸砚之首。唐彦猷《砚录》云："红丝石产于益都西四十里之黑山。"《临朐县志》则谓："红丝石产于临朐县南之老崖崮。"

关于红丝石品评的记载很多。宋姚令威《西溪丛语》谓："王建宫词中红砚即红丝砚，柳公权喜用青州红丝砚，江南李代（南唐李煜）时尤重之。"宋欧阳修《砚谱》："以青州红丝石为第一。"唐彦猷《砚录》云："红丝石华缛密致，皆极其妍，既加镌凿，其声清悦。其质之华泽，殊非耳目之所闻见，以墨试之，其异于他石者有三：渍水有液出，手拭如膏一也；常有膏润浮泛，墨色相凝如漆二也；匣中有如雨露三也。自得此石，端歙诸砚皆置于衍中不复视矣。"又云："此石是至灵者，非它石可较，故列于首云。"苏易简《文房四谱》云："天下砚四十余品，青州红丝第一，端州斧柯山石第二，歙州龙尾石第三。"宋人任藻《红丝砚铭》云："餐霞道士赤肤肌，隐然胈胳乱红丝。千龄不败坚且滋，谁其忍者断厥尸。"

《四库全书·西清砚谱》载，清乾隆皇帝曾为宫廷三方红丝砚题铭。其一，鹦鹉砚铭："鸿渐不羡用为仪，石亦能言制亦奇。疑是祢衡成赋后，镂肝吐出一丝丝。"其二，风字砚铭："石出临朐，红丝组绵。制为风字，宣和式审。既坚以润，腴发墨汁。虽逊旧端，足备一品。"其三，四直砚铭："红丝鹦鹉昨曾吟，小式直方兹盍簪。未识拔茅声应处，能如斯惕否予心。"

然而，即使在青州红丝砚最鼎盛的唐宋时期，对红丝砚也有不同的评判。宋代著名书法家米芾在《砚石·用品》中认为："红丝石作器甚佳，大抵色白而纹红者，慢发墨，亦渍墨，不可洗，必磨治之……非品之善。"之所以有这种不同的评判，皆因米芾诸人受其视野所限。他们将当地人称作"红花石"的石材误认为红丝石（这种石材当地人至今亦经常制作笔筒、印泥盒、笔洗、笔架及其他工艺品），而没有见到真正的红丝石。

1975年，石可、孙长林等先到益都（青州），所询之处都说黑山石源早已枯竭，而谓临朐老崖崮蕴藏较丰，于是辗转多次到临朐，在冶源公社社员协助下，在老崖崮找到了红丝石产地。老崖崮地处山岭，沟壑中即有红丝石风化层可见（图4-1-1）。下掘数尺即有大片红丝石岩层，其白地红纹即当地人将其称为"红花石"。经过长期的寻找，于1977年，在老崖崮北麓发现新坑。新坑的红丝石大都紫红底、灰黄丝，纹理之美如刷丝，回旋幻变，姿质润美，坚而不顽，甚发墨不损毫。但岩层较薄，往往有石英掺杂其间。因此，大材极不易得。

青州黑山洞洞口石壁凿有"红丝洞"、大元至正二年、洪武二年、弘治十年、大清乾隆、道光二年、同治三年、光绪三十四年、民国十四年等字样，为历年采石者所留。洞口右侧石壁刻有"黑山""红丝洞""大唐中"三个残字。洞口为巨石所掩，故洞口

图4-1-1　临朐冶源红丝石砚坑

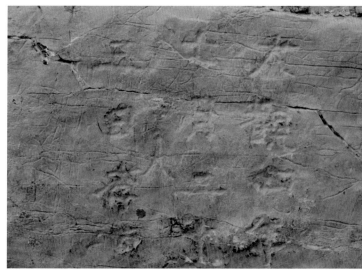

图4-1-2　冶黑山红丝石宋坑题词：
大观四年七月二十三日存

狭小，仅容一个人头探入而已。在该洞口右侧不远处还有"大观四年七月二十三日李海"字样的小洞口，应为宋人采石所留。（图4-1-2）

自1975年至2000年的25年间，石可、孙长林、姜书璞、刘克唐曾数次到黑山，多无功而返。刘克唐仅获一手掌大小的小石片，周边被泥土包裹，几近石化。经过反复刷洗，石呈黑紫，刷丝纹较为明显，当是当时石工采石之弃材。

直到2004年，消失近千年的黑山老坑红丝石被当地一位叫高学志的人发现。当年高学志在黑山之阳一断层处发现红丝石坑。该坑与黑山之阴的唐代老坑对接（图4-1-3）。溯源高氏与红丝石的渊源，始于20世纪七八十年代。高学志寻找红丝石矿源的脚步始终没有停留，20年后，终于有了重大发现。黑山红丝石都是鸡窝矿，而黑山红丝石的发现，是鲁砚的重大发现，对鲁砚做了重要的补充，告慰了石可、孙长林等前辈。黑山除了高氏洞以外，还陆续发现了松树林坑（图4-1-4）、基建连坑等。

阳面坑，也就是高氏洞（因高氏所发现，故称）在主峰阳面（图4-1-5），有多处先人留下的采石探坑，年代难定。其阳面洞深达20米到50米不等，呈鸡窝状分布，分三层，每层20厘米左右。第一、三层多不堪用，第二层成材率较高，石多独立成块，

图4-1-3 青州黑山红丝石老坑

图4-1-4 青州松树林红丝石砚坑

有夹白掺带有土黄色的粉岩色浆，石质极为润泽，色彩丰富，有红底深红色、猪肝色、黄底红纹、黄底红斑点或深红黄丝纹，正与唐彦猷《砚录》所载的"……手试如膏，常有膏润浮泛……"相符。

在黑山阳面日观峰东南侧山，20世纪人民公社的农田基本建设队伍曾在此大揭盖式地采石，故称"基建连坑"（图4-1-6）。该坑红丝石石层清晰可辨，厚分3层，粘连一体，厚约30厘米。进洞后，有积水穴，有的石材底部有钟乳石，极易与其他石坑产石区分。石色呈深红底、黄刷丝纹，另有土黄底、格形赭色纹，血红底、土黄斑纹等。除黑山产地外，青州已多处发现红丝石，如邵庄镇的范家林、王家辇等十几个村庄，河庄、周庄也多有发现，亦有零星开采。

以庙子镇的杨家庵坑为代表，大牟庄、黄鹿井、九公台一带也多有红丝石的发现。虽然颜色纹理逊于黑山，然也偶有佳石。黑山以南的大庄等地、王坂镇一带也多有红丝石的发现，另外沂水、沂南等地也均发现有红丝石的矿源。

图4-1-5　青州黑山红丝石高氏洞

图4-1-6　基建连坑

平板砚

砚呈紫底，中间一片黄云，有些许黄刷丝纹，质地较为干净。铭文字体属隶书一类，内容咏风月情怀。铭曰："驾黄云而去，挽霞光而来；作秋山之赋，咏风月情怀。"文词可读，令人回味。（图4-1-7）

图4-1-7　平板砚　王正光作　王大成藏

仿唐辟雍砚

此砚造型规矩，刻工精良，二十四足，足能扛鼎，好一派大唐气象。石色纯正，为黑山老坑石所制，砚池中有"一"字白线，寓"天下统一"之意。辟雍者本为西周天子所设大学。《礼记·王制》："大学在郊，天子曰辟雍。诸侯曰頖官。"据蔡邕《明堂月令论》：辟雍之名，乃取四面周水，圆如璧。东汉后，历代皆有辟雍，除北宋末年为太学之外学（预备学校）外，均为祭祀之所。辟雍砚始于南朝而盛于唐，有学者认为该砚是从罗马柱引进而来，实谬也。柱础，自秦而汉而唐，多传承有续。

是砚二十四兽足，品寓二十四节气，表示一年四季周而复始、万年无疆之意。（图4-1-8）

图 4-1-8　仿唐辟雍砚　红丝石

回眸一笑百媚生

作者巧借红丝石的刷丝纹为浴巾，砚额部分刻画出"贵妃"洗浴后初出浴池、身被浴巾、回首微笑的一瞬间的情景。

鲁砚中，石可先生提出"巧借天工"之说。天工之巧，可"借"而不可"夺"，是鲁砚有别于其他兄弟砚种特点之一，此一例也。（图4-1-9）

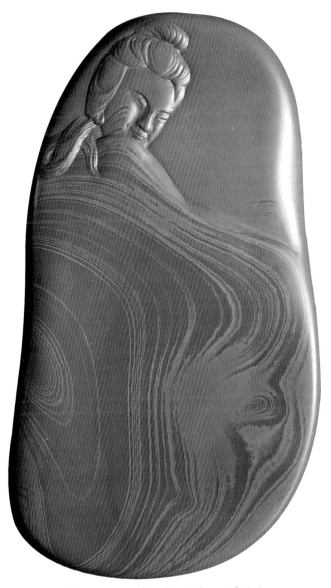

图4-1-9 回眸一笑百媚生 刘希斌试作

第二节　徐公石

徐公石产于沂南徐公店村及周围芦山西头（图4-2-1）、砚台沟（图4-2-2）等地，故因此而得名。20世纪70年代初，临沂地区（今临沂市）工艺美术研究所根据《临沂县志》，派职工到徐公店一带寻找矿源，终于在村北及村东芦山西头找到石材，经试制确为制砚良材。20世纪80年代至今，又先后在紫湖山、石岗岭、黄泥堰、李官、蝎子山等地发现并开采了徐公石矿源。

据访，徐公店村今已无徐姓人家，而徐公店名的由来，则因唐代举子徐晦夜宿该村，晨起得徐公石，稍加琢磨即成佳砚，且殿试寒而不冰的传说而得名。然见于记载的文献仅见于《临沂县志》："徐公店，县城西北75里，产石可为砚，其形方圆不等，边生细碎石乳。不假人工，天趣盎然，纯朴雅观。"（徐公店原属临沂县，中华人民共和国成立后置沂南县而改隶，徐公店今处临沂市兰山区和沂南县交汇处）（图4-2-3）

徐公砚石材为薄层状、含少许粉砂质的微晶灰岩。产层属震旦系土门群佟家庄组。其石层因地壳运动，石层裸于地表者干燥，不可为用。下层由于地下水的常年

图4-2-1　芦山西头

图4-2-2　砚台沟

图4-2-3　徐公砚产地远眺

图 4-2-4　石岗岭

图 4-2-5　柴胡山

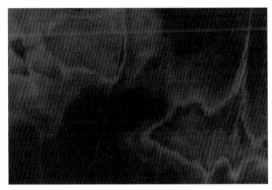

图 4-2-6　徐公石如彩霞状的纹理

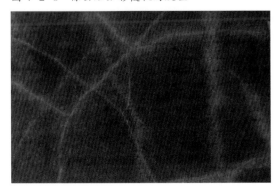

图 4-2-7　徐公石的冰纹与金线

侵蚀，形成了形状各异的自然形态。大者逾尺，小者仅五六厘米。每石一砚，实为天然造化之功。

徐公石各坑口的自然边饰，特点大同小异。砚台沟的自然边饰较石岗岭、柴胡山的石乳略小，石岗岭（图 4-2-4）、柴胡山（图 4-2-5）、李官的石乳较大。芦山西头的细碎石乳正如《临沂县志》所载：边生细碎石乳。由此可见，砚台沟及芦山西头实为徐公店之老坑石，而且此二坑口发墨状况绝佳。柴胡山、石岗岭、李官等坑口，产石其石质细嫩，加之其周边成参差凹凸状的石乳，不假修饰，纯朴雅观。其自然纹理形态各异，有一石数色，有如朝霞之霏霏，有如云雾迷漫，有如风起云涌，有如秋水之沉静，沉透而不浮，极为雅静。研后发墨而不损毫，确为砚材中的上乘。（图 4-2-6）

在柴胡山相邻的蝎子山，产石呈天青色，间有褐色冰纹纵横其间，圆润苍古，如寒林冬冰，令人叹为观止。（图 4-2-7）

著名诗人、书法家马千里先生在赞鲁砚长诗中写道："因思人世有显晦，石亦埋名垂千载。砚史砚笺徒浩博，遗此殊质可深慨。"著名画家李苦禅先生题赞"惜南阜未见"，即指为徐公砚。

　　徐公石的主要矿物成分为粉色微晶灰岩、长石、石英、海绿石等。其天然溶蚀边是中国砚材石品中最具特色的，是其他砚材所不具备的。

　　徐公石色彩各异，以茶叶末、蟹壳青、鳝鱼黄、绀青等为主。其石质质地细嫩，温润如玉，扣之其声清越如磬，抚之有湿气油然而生，其硬度为3.5度至4.5度，硬度适中，极易受刀。以徐公石制砚，墨相亲，发墨如油，实为制砚良材，故有"形奇、色美、石温、质润"之四美之说。（图4-2-8、图4-2-9）

图 4-2-8　太平有象　张玉杰作

图 4-2-9　寒林砚　陈绪宝作

卧游赤壁砚

此为笔者二十年前（1994）旧作。石为砚台沟老坑徐公石，稚嫩如玉，巧借自然之纹理，正面刻墨海，砚额刻"卧游"二字。砚刻山水，赤壁悬崖，江水从谷底而过，一舟隐于山岩之后，刻苏东坡"赤壁赋"五百余字，楷书，洋洋洒洒。砚形虽小，却有巨砚气象。（图 4-2-10）

图 4-2-11　卧游赤壁砚（正背面）　王鹏藏

观音砚

　　徐公石除其自然边饰为其特点以外，其石的自然纹理也偶有奇妙出现。此砚除形奇之外，砚堂中奇迹般地现出一坐姿的"水中观音"，大自然之妙，令人叹为观止。此砚左上角刻一"停云"。左边刻长篇铭文，右下角刻一印章。（图 4-2-11）

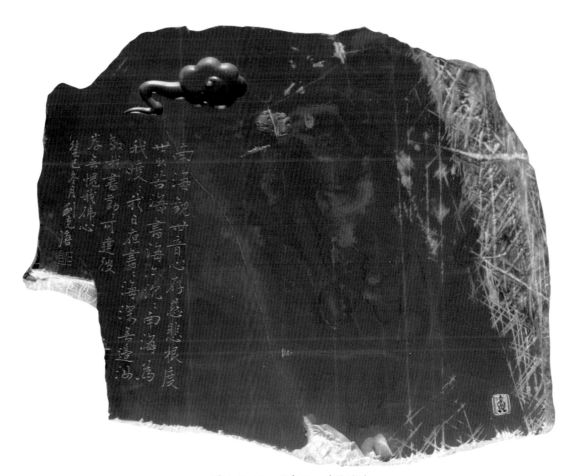

图 4-2-11　观音砚　黄传斌作

第三节　金星石

金星石产自临沂与费县交界处的箕山涧，以其石制砚不知何年，因其遍布金星故名"金星石"。因其地处临沂市，临沂古为琅琊郡郡首即东晋书圣王羲之的故乡，又称其为"羲之砚"。金星石产地有主峰曰凤凰顶，分东西两翼展开，状如箕形，故又曰箕山。箕山东、北、西环抱一谷。谷中有东晋时修建寺院一处，名曰箕山寺，今仅存遗址及寺内的三颗银杏树。（图4-3-1、图4-3-2）

箕山寺始建于晋，兴于唐，几盛几衰，历代多有重修。遗址内有佛塔三，仍矗立于此。明嘉靖年重修，清毁于火。寺边有溪，溪水潺潺。谷前有河，其名"洗耳河"，传为许由洗耳的地方。皇甫谧《高士传·许由》载："……尧又召为九州长，由不欲闻之，洗耳于颍水滨……"巢父曰："……子故浮游俗间，求其名誉，污吾犊口。"上大帝尧，传位于许由，许由以不能清闲为由而拒绝，夜奔箕山隐居。（图4-3-3）

箕山寺南有涧，呈南北走向，金星石即产于此。金星石产点构造地处鲁西南尼山窟窿东缘禹王山——苍山区域由南向北断裂带南端，砚石产出地周围出露地层为

图4-3-1　费县金星石产地

图4-3-2　箕山寺遗址

图4-3-3　箕山寺银杏树

寒武系下统毛庄组，中统徐毛庄张夏组，上统崮山组，地层产状平缓，微向东倾斜，砚石即产于张夏组。该区主要岩性为：灰黑色厚层状灰岩，夹灰绿色易碎页岩和砄岩透镜体，顶部为中厚层状泥质疙瘩灰岩、泥灰岩，并有煌斑岩岩床的侵入。其中黑色灰岩就是金星砚的主要砚材，其主要成分为星微晶质状或微晶状方解石、微古生物化石及生物化石碎屑，少量的硫化铁矿物质结晶体而形成了所谓的"金星"。

西南坑所产自然形石材，自涧西岩南头崖下分上下两层，上层厚约五六厘米，下层仅三厘米左右，由于长年地下水的侵蚀，形成大小不一、形态各异的自然形石块。外部被黄色及灰色没有石化的矿物质所包裹，大者逾尺，小不盈寸。须以铁刷刷除外裹的矿物质，其石质则显。由于地下水的侵蚀，石表周围的硫化铁结晶体被腐蚀，形成所谓的"虫蛀"，极为雅观。其石色纯黑，扣之清越，发墨宜毫。另有少量的石材，有痕可顺其凿开，可成为自然之石函，然数量极少，为金星砚之妙品。

金星石上层石所含铁质经氧化略呈灰褐色，金星稍暗，多呈卵状，石质较软。中层亦为卵状结核，夹于岩中，其石坚而不顽，色黑如黛，温润如玉，金星屡见，与墨相亲。下层多为板状，厚10至20厘米不等，质地略硬，色泽如墨玉，光气逼人，金星闪烁。偶有石彩者，非常名贵，以此石制砚，可为研朱之用。

金星石间有石英线夹入者，即所谓金银线，为石之病，当巧借用之。金星石矿源已延伸至公路边缘，严禁开采。当地有以其他矿坑产石所代之，虽质地略同，然其色呈灰黑色，润泽远不及金星石也。

陶尊砚

石体风化斑驳如有虫蚀，上方缺落而成平口，下方尖圆，外形似出土新石器时代载文陶尊。作者因形制成陶尊砚。上方作扁形池，以示尊口。取下部阔处开堂。砚堂左上方微见金星，腰镌陶文两枚。（图4-3-4）

图4-3-4　陶尊砚　姜书璞作

第四节　淄石

淄砚因石材产自淄州，故名淄砚。宋代苏轼、米芾曾分别称其为"淄石砚""淄州砚"。作为制砚之淄石，自古至今先后有三处产地：一是博山区（古淄州颜神镇）庵上村倒流河东岸石坑；二是淄川区罗村镇洞子沟；三是博山区西部山区——南起虞望山、北至夹山一带。根据石坑的荒废与发掘情况等相关资料的记载，人们普遍认为：淄砚始于汉，盛于唐宋，衰于北宋之亡，衍于明末清初，复兴于 20 世纪后期。（图 4-4-1）

至迟在明末之前，淄砚是上述第一处石坑所产砚台的专有名词。明嘉靖四十四年（1565），《青州府志·器用之属》记载："有淄砚，出颜神镇。类歙砚，颇发墨。"清康熙四年（1665），孙延铨所著《颜山杂记》则更明确地指出："淄石坑在城北庵上村倒流河侧，千夫出水乃可以入……"古淄砚传世极少，现藏于故宫博物院的一方淄砚，据称为汉代所制。唐代以前也鲜有记载，直到宋代才享有盛名。据明朝余怀《砚林》记载：宋神宗曾亲选一方淄砚赐予司马光，司马光慨叹："淄砚逾于琼瑶，一砚价比连城。"苏轼、陆游、唐彦猷、高似孙等也对淄砚评价甚高。淄砚盛极一时，却因时局动荡、战乱频仍而再度沉寂。明清时虽有所采制，"然所产有限，历代斫取，已及黄泉，藏诸水底者殆不可向矣"（清康熙《颜神镇志·物产》）。至乾隆年间，"至于淄砚一项，尤属名存实亡"（清乾隆《淄川县志·续物产》）。

随着明清时期经济文化的一度繁荣，淄砚复为世人所重。制砚者发现了新的石材，所制之砚也称为淄砚。据乾隆《淄川县志·续物产》称："或曰庵上村石不可得矣，而淄邑东北二十里有洞子沟焉，独非砚石乎？"该志于民国年间续修，并在《重续物产·砚石篇》有更明确的表述："邑东北二十五里洞子沟有石，色黑而质坚，可琢为砚。近之名淄砚者，皆此石也。"随着采制日盛，古人眼中的新坑遂成为采石旧址之一。20 世纪 70 年代末，蕴藏于博山西部山区的彩色砚石被陆续发掘，使此地成为当今最好的淄石产地，所制石砚被誉为"新淄石砚"。

淄石地层属淄博盆地中石炭系，为粉砂质泥岩。所含矿物成分为晶状方解石、褐色半透明状泥质物、刺棱角状以石英为主的粉砂级矿物以及形成金星闪烁之象的黄铁矿物质等。各产区石材质地略有差异，品相各具特色，为制砚者巧拙兼用、因材施艺提供了广阔空间。

倒流河石坑所产淄石，有韫玉、金星两种。孙延铨《颜山杂记》说："淄石坑……西侧则硬，东侧则薄。为中坑者坚润而光，映日观之，金星满体；暗室不见者为最精，大星者为下……"此坑之石制砚，古人多有赞誉。诗人陆游《蛮溪砚铭》载："龙尾之群，淄韫玉之伯仲也。"唐彦猷《砚录》称："淄石可与端、歙相上下。"苏轼、米芾也曾品评淄砚，但褒贬各异。米芾说："淄石理滑易乏，在建州之次。"苏轼则说："淄石号韫玉，发墨而损笔；端石非下岩者宜笔而褪墨。二者安所去取？用褪墨者如骑钝马，数步一鞭，数字一磨，不如骑骡用瓦砚也。"对此，《颜山杂记》评论道："不知淄石砚有发墨而不损笔者，惜二公之未见也。"由此可以看出：古人评砚，重在实用；老坑淄石，实为制砚良材。（图4-4-2）

洞子沟砚石有固石和灰堂石两种，皆呈青墨色，石质细润，硬度适中，所制石砚利于发墨而不易磨损。灰堂石有金星闪烁者，也谓之"金星石"；有金色雀斑者，则称为"金雀石"。洞子沟砚石多见形体宽厚者，宜于施展雕工。（图4-4-3）

图4-4-1　夹山采石点

图4-4-2　倒流河采石点

现代发掘于博山西部山区的砚石，有龙山紫、夹山红、荷叶绿、沉绿、绀黄、绀青、三彩诸品，质地细润，纹彩华缛，有单色者，亦有诸色层叠者，石眼、斑点、冰纹、金线、金晕等时有呈现，也不乏天然石形者。此石有水坑和山坑之分，属泥质灰岩，为制砚良材。随着新的淄砚佳作特别是随形砚的不断问世，此石被业内人士誉为"彩色淄石"。

淄博地处鲁中，矿产资源丰富，人文底蕴深厚。具有悠久历史的淄砚制作，随着时代变迁几度兴衰，制作技艺却得以流传，并在继承文人砚传统风格的基础上，创作出许多别开生面的随形砚、花式砚，使古老的淄砚生机勃发、异彩纷呈。

博山作为陶瓷之乡，在古代窑址的宋、元、明窑厂中曾有陶瓷砚的生产，多为长方、六角等形制。清康熙年间，颜神镇人赵作羹曾以黑山之石琢砚二方，赠予表亲王渔洋。虽然王渔洋《分甘夜话》将青州黑山与颜神镇黑山相混，赵作羹所用石材也可能是红丝石之次品，但赵作羹乃清初博山制砚者无疑。另据《续修博山县志》记载，清代博山人孙继曾经"设帐驼来山，磨石为砚，以励诸生"。上述制作，所用砚材皆非淄石，风格或与古淄砚有所差异，却昭示着当地砚艺的生生不息。

淄川是清代文学家蒲松龄的故乡，在明清之际以洞子沟石材制砚，世代相传，渐成规模。乾隆年间，任淄川县令的盛百二对淄砚的历史、现状和石质进行调研，并著有《淄砚录》，对石材开发和淄砚的制作和生产起了一定的促进作用。据民国二十一年（1932）12月《胶济铁路经济调查报告》："淄川砚颇有名，石出洞子沟山，在城东二十五里。制砚者共四村，为大弯桥、小弯桥、河东、洼子等，合计三四百余户。出品精致，畅销远近。"

清末民初至中华人民共和国成立之初，淄砚进入衰退阶段，制作名家屈指可数。博山人钱振崇（1868—1944）工各体书法，善绘事，曾制有淄石"天光云影砚"等。淄川大堆人王于池（1903—1957）于1919年到博山学徒，后习针灸，成为名医。他精书法、绘画、篆刻，所制之砚堪比上品。可惜英年早逝，遗物散尽。

20世纪60年代初，淄川建立刻砚合作社；20世纪70年代末，博山工艺美术厂恢复淄砚生产。这一时期的砚艺传承，既得益于老一辈的淄砚制作者在困境中的坚守，也得益于鲁砚宗师石可先生在逆境中的执着探求。

老一辈淄砚制作者郝明高（1903—1980）精通考古、金石与鉴赏，对淄砚的认定、制作有所贡献，可惜他的作品和藏品都在"文革"期间不知去向。钱殷之不仅钟情于淄砚制作，而且富有收藏。钱殷之在《记砚》一文中称："余所存……一淄石砚，金星满地，贮水不竭。自'文革'后失散。"又说："近日，得我乡夏庄煤矿煤渣之中卵石，以之制砚，亦极发墨，黑如漆而多金石。但质坚而微燥，不及端石之温润耳。可在淄川鸢桥所产之砚材以上。戊申缶厂琢砚并记。"对砚艺之热爱，由此可见一斑。

图 4-4-3　古越砚（正背面）　徐峰作

背负青天砚

此砚石色缤纷斑斓，有紫云、青光、鹅黄，和谐自然，如长空秋水。砚首有紫色，如振翅奋飞鹍鹏。为充分利用自然石彩，作者仅刻一浅墨堂。砚右侧刻隶书"背负青天"四字，大小合适，有画龙点睛之功。作品简朴大方，为鲁砚典型处理手法。（图4-4-4、图4-4-5）

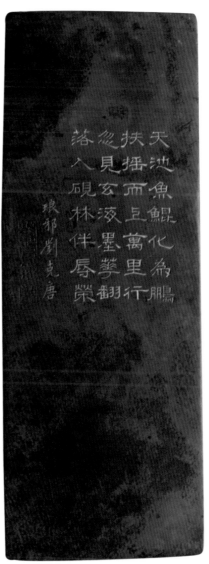

图4-4-4　淄石　背负青天　（正背面）　刘克唐作　　　图4-4-5 背负青天（侧面）

第五节　薛南山石

　　距临沂城 20 千米，有山曰薛南山（今改隶属兰陵县）。据《临沂县志》记载："薛南山产石，皆天成砚材。若龟壳，若马蹄，四周若竹节状，小者尤佳。"20 世纪 70 年代初，临沂地区（今改为市）工艺美术研究所根据《临沂县志》记载，到薛南山寻找矿源。经过当地年长老农的引导，终于在山北麓及西麓采集到部分石材，经试制，正如《临沂县》志所载。石材多为自然形石饼，其厚不一，大小约十厘米至二十厘米不等，厚度也在二至四五厘米之间。周边经地下水常年侵蚀，形成了竹节状石乳，与徐公石有较大差异。由于石材含云母成分较多，故多带有自然嫩黄彩纹，且内含颗粒状微尘。砚面映日有贝光发于深处，其石材隆起部多含自然纹理，有藻绿、鳝鱼黄，其彩纹如微光若隐若现，有形无迹。色泽沉静柔和，硬度适中，质地细嫩温润，磨墨有光，发墨无声。然其大者极易破碎，极难成砚。故有小者尤佳之说。（图 4-5-1）

　　薛南山还有一种龟形子石夹杂于石材层间，表层经风化，易于断裂。而深处之材，温润可观，成砚后又别有一种风味。

　　主要矿物成分：晶质状方解石、泥质灰岩。其龟裂纹十分发育，为长期地下水的作用提供了条件，地下水沿龟裂纹长期的溶解作用，形成溶解的自然纹饰，为随形砚制作提供了天然条件。

图 4-5-1　兰陵县薛南山石产地

第六节　尼山石

　　尼山石，因其石产于孔子诞生地曲阜尼山而得名，是中国传统名砚、鲁砚的重要砚种之一。尼山位于曲阜市东南约二十八千米处，原名尼丘山，因孔子名丘，为避圣讳，故名尼山。其山并不高大，海拔约三百四十米，风景秀丽。"山不在高，有仙则名。水不在深，有龙则灵。"因中国伟大的思想家、政治家、教育家孔子诞生于此，尼山名扬海内外。

　　尼山石砚历史悠久。传尼山石砚自唐、宋以来即享盛名。明万历二十四年（1596）所修《兖州府志》记载："尼山之石，刳而为砚，纹理精腻，亦佳品也。"清乾隆三十九年（1774）所修《曲阜县志》记载："尼山之石，纹理精腻，可以为砚，近无用者。"由此可知尼山砚名扬天下，历史悠久。中华人民共和国成立后，1965年出版的《文物》杂志曾刊登一方《清·徐坚铭尼山石砚》向国内外推介。另20世纪70年代中期，拆除曲阜明故城城墙根基时挖出一块尼山石砚，形如马蹄，周边呈叠饼状，也就是人们所说的"千层饼"。其砚为棕褐色，稍带有黑色松花纹，依形开微凹墨堂，做工简朴，为自然形尼山石砚的代表。20世纪70年代中期，为保护和发掘这古老的砚台品种，山东省工艺美术研究所与曲阜工艺美术厂通力合作，在鲁砚专家石可先生的指导下，终于在尼山五老峰下发掘出新的尼山砚石坑（图4-6-1）。经验证，此处砚石在目前所发现的尼山砚石中为上品。

　　历史上尼山砚或当贡品进贡朝廷，或作为礼品馈赠达官显贵。在漫长的封建社会里，孔子诞生地尼山历来被尊为"圣地龙

图4-6-1　尼山石矿脉

脉"，由朝廷和孔府严格守护。因此，尼山砚产量很少，且均被当时的孔府当作进献的贡品或馈赠的礼品。

　　尼山砚砚石是寒武系上统地层中海相沉积的薄层泥质灰岩，位于灰岩夹层中，石厚多为三五厘米不等，褐黄色，表面有疏密不均的松花纹，风化后常呈自然扁平状，周边形如叠饼。尼山石平均比重2.26，显微硬度70kg/mm—158kg/mm，相当于摩氏硬度的2.5—3.9。砚石主要以微晶方解石组成，其含量在95%以上，粒径约0.005毫米至0.05毫米，颗粒具有重结晶现象。其他矿物有伊利石、石英、黄铁矿和绿泥石，总含量不足5%，粒径在0.001毫米至0.01毫米之间，零星分布。尼山砚砚石硬度适中（约为摩氏硬度2.9-3.5）且含有适量零星分布、硬度较高的矿物，如石英、黄铁矿（摩氏硬度6-7），这既能增强砚石的研磨性能，又不损笔毫。据资料表明，这种高硬度矿物在砚石中含量以不超过5%为佳。而在尼山砚石中含量不足5%，矿物颗粒大小约0.001毫米至0.05毫米，达到微米级，属最佳粒度。砚峰形状呈似鱼鳞状，密度在0.6左右，墨粒在1微米以上，稍具粒感。尼山砚石中还含有少量的片状矿物如伊利石、绿泥石等。这不仅使少数砚峰

图 4-6-2　夫子洞

具有"自磨刃"性质，还提高了砚石的研磨寿命，而且对砚石的"贮墨不涸"也起到一定的作用。故尼山砚有"坚而不顽，抚之生润，下墨利，发墨好，久用不乏"之美誉。

尼山砚石的质地精良是有科学根据的。据现代地质考察证实，尼山山体主要由距今六亿年的寒武石地层组成，其中寒武系中"徐庄组"暗紫色页岩中所夹的灰黄色钙质页岩及泥灰岩就是尼山砚石。沿地层走向尼山孔庙北部的砚台沟、夫子洞、甘新庄南部、昌平山北坡等处均是该地层出露。尼山砚石在剖面上呈大小不等"透镜状"继续分布于暗紫色的页岩中，在平面上则呈不规则饼状，人称"千层饼"。由于风化作用，表面的尼山石多不宜制砚，只有深层的橘黄色石，坚细温润，不渗水，不渍墨，发墨有光，方可制砚。若是石面橘黄，并有黑褐色松花纹，花纹边部较密，向内渐稀，中部则无，则是制砚的上品。尼山砚功能特性也是有科学依据的。据资料表明：其一，石面呈疏密不均的黑色松花纹，是由于少量非晶态的氢氧化铁浸染在矿物颗粒之间造成的。其二，尼山石硬度适中，这既能增加砚石的研磨性，提高砚石的寿命，又可"拭不损毫"。古时候，尼山砚均采自砚台沟，现已再难寻觅，且尼山作为"圣地"，历朝历代的衍圣公都严加把守。可以说，1949年以前，尼山砚的采制一直被孔府所控制，产量很少。（图4-6-2）

20世纪70年代，尼山五老峰下的新坑石是在石灰岩夹层中，石厚三厘米至十五厘米不等，色呈橘黄，面有疏密不均的黑褐色松花纹，是尼山砚石之上品，且储量较丰，为尼山砚的制作提供了理想的材料。

史料记载，尼山砚石"质坚色黄"，多为黄褐色，石面有疏密不均的黑色松花纹。在五老峰下发现的新坑砚石除黑色松花纹以外，还有在平面上呈圆形或椭圆形的条纹状、水纹状等。松花纹是尼山砚石最具特征的花纹，也是评价和鉴别尼山石砚的重要标志。以上花纹形状如同远视的簇簇松叶或苍劲的古柏，圆形或椭圆形的条纹状或似于山水画面的纹状，花纹图案均为不规则状，沿裂缝分布，分布范围大小不一、疏密不均。砚石中含铁是形成石色褐黄的主要原因。

另外费县芍药山所产天景石，呈土黄色或褐黄色，属石灰岩夹层所出。其石质、石性和矿物成分皆与尼山五老峰山坡下所产石相同。且芍药山为尼山山麓东延之余脉，其产石制砚，笔者认为当称其为"尼山砚"。

胜日砚

砚石产自孔子出生地曲阜尼山,石柑黄色与深褐色相间,呈天然山水画面,春意盎然,生机勃勃。据形成砚,上部刻曰字形砚池,天人合一,取朱熹《春日》诗意,砚铭刻篆书"胜日寻芳"以求意境。

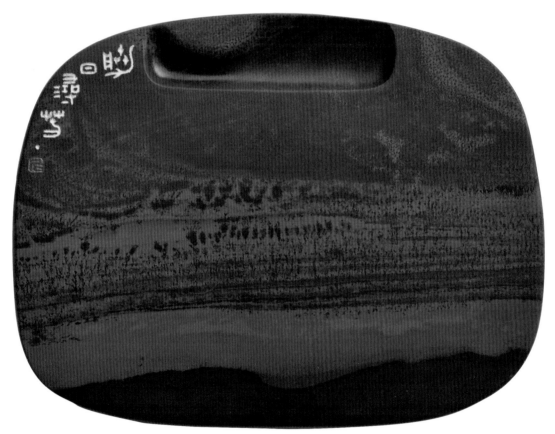

胜日砚　丁辉作

图 4-7-1　莱芜三叶虫化石产地

图 4-7-2　费县马庄水库三叶虫化石产地
化石产于水底，已禁止开采

图 4-7-3　三叶虫化石

第七节　燕子石

　　燕子石又名蝙蝠石、鸿福石、蜮蠷石，其学名为三叶虫化石。三叶虫，因纵横皆分三叶故名。燕子石，实乃含三叶虫化石的薄层灰岩。三叶虫是一种海栖生物，生存在古生代寒武纪，到志留纪达到盛世，成为海中霸王；泥盆纪种类逐渐减少，至中生代灭绝。其生活期距今三亿年到五亿年。三叶虫化石在山东分布较广，主要产地有泰安、莱芜（图 4-7-1）、沂源、费县（图 4-7-2）、苍山等。其中以莱芜和沂源居多，且石质较优，石层较厚。因三叶虫胸部多为肉质，不易保留，故所见的三叶虫化石多为头部和尾部。其中以形似燕子和蝙蝠的尾部居多。完整的三叶虫化石具有较高的收藏价值，为世人所重。以燕子石制砚，尽量突出三叶虫化石（图 4-7-3）。一般因燕子石砚材较薄，多以做盖为主，这样就突出了三叶虫化石，以宜于观赏。厚度超过 2.5 厘米至 3 厘米的砚材，极为难得，可独立成砚，既可观赏，又可受墨，天然生趣，为他石所不及。

　　燕子石因石上有化石形如飞燕、状如蝙蝠而得名。以燕子石制砚历史悠久，相关文献记载颇多。

清王渔阳《池北偶谈》成书于康熙三十年,卷二十谈异《蟙蟷砚》篇详述燕子石砚来历:名儒张华东公(延登),崇祯丁丑三月游泰山,宿大汶口。偶行饭至河滨,见水中光芒甚异,出之。一石可尺许,背负一小蝠、一蚕,腹下蝠近百,飞者伏者,肉羽如生。蚕右天然有小凹,可以受水,下方正受墨。公制为砚,名曰:多福砚。铭之曰:泰山所钟,汶水所浴。坚劲似铁,温莹如玉。化而为鼠耳,生生百族。不假雕饰,天然古绿。用以作砚,龙尾继躅。文字之祥,自求多福。《尔雅》蝙蝠服翼。郭璞注,齐人呼为蟙蟷。又因名曰:蟙蟷砚。公门人刘文正(理顺)、马文忠(世奇)、夏考功(允彝)、高中丞(名衡)诸公皆为铭赞,亦奇物也。

康熙四十年腊月,《桃花扇》作者孔尚任应文友张敬止中丞招饮日涉园之门室,醉后得观张氏所藏"多福砚",为张华东先生故物,感其天合之奇,作《醉观多福砚》五言长诗记之。该诗收录于康熙五十四年孔尚任与刘庭玑合编《长留集》五言古篇。

乾隆三十年夏,盛百二(浙江秀水人)任职山东淄川知县,著有《淄砚录》详述淄砚采石制砚过程,而邻封所产者亦连类及之。其篇末载"王渔洋《池北偶谈》:邹平张尚书(延登)崇祯中游泰山,宿大汶口,偶行饭至水滨,见水中光芒甚异,出之。则一石可尺许……公制为砚,名曰多福砚"等语,按语中载:此石莱芜往往有之,不闻有光人,亦不之贵,其色绿,有深浅不同,又有如嶻村石色者,华东尚书所得盖特异于众。(在大汶口距莱芜二十五千米为泰安县境,则不独莱芜有也。淄川西南至莱芜界四十千米有原山焉,其水南出为汶,北出为淄,今入博山县),戊子秋,莱芜张愚耳曾以二石见贻,长方十五厘米有余,其背有如蝙蝠者如蜂、蝶、蜻蜓者数十,文皆凸起,其一石有朱蝙蝠,影大寸余,却不易得,名之曰:"鸿福砚",可为读易研朱妙品。此石在八月十三日为圣寿节铭曰:皇建敷赐,地不爱宝。来自丹穴,翔若朱鸟。如天之福,黎庶寿考。滴露细研,情游羲昊。

《西清砚谱》成书于乾隆四十三年,被制砚界奉为圭臬,卷二之首刊录一方陶之属:汉砖多福砚。据考,实为张华东制,张敬止藏,孔尚任观,得于大汶口之燕子石砚。

燕子石砚自问世以来,当地制砚业兴起,清中叶达鼎盛。自乾隆朝至清末,燕子石砚被视为进献贡品,或以礼品馈赠达官显贵。20世纪20年代,西学东渐,我国科学工作者对燕子石进行科学研究后，确认鲁中南地区所产燕子石为生活于古生代寒武纪至二叠纪海洋中三叶虫之化石。而华东尚书在大汶口所得燕子石系三叶虫尾甲为主、局部身体化石。而盛百二所得、张莱芜寓髯所赠鸿福石，乃三叶虫全虫化石。鲁中南地区所产三叶虫化石围岩质理细腻、缜密，温润如玉，多为制砚良材。（图4-7-4）

20世纪六七十年代，为保护和发掘此古老砚种，莱芜、临沂、费县、临朐等地美术厂相继恢复生产燕子石砚（时称燕子石砚、燕子石艺术品）。经山东省工艺美术研究所石可先生倾心指导，燕子石砚精品迭出。20世纪70年代末至80年代初，燕子石砚以鲁砚重要品种赴京参加"鲁砚汇报展""全国第一届文房四宝展"及在海外多地展出，期间好评如潮。舒同等著名书画名家对燕子石砚青睐有加，纷纷题词并赞，并以得之为荣。20世纪80年代末及至21世纪初，燕子石砚、燕子石工艺品生产加工异常繁荣。莱芜、临沂、费县、临朐等地有数千人采石加工、几百家店铺经营，场面壮观、盛况空前。燕子石工艺品自此由"旧时王谢堂前燕，飞入寻常百姓家"。

图4-7-4　沧海桑田砚　徐峰作

三叶虫化石砚

砚面左侧巧借石英线刻梅一枝，砚额刻篆书铭文："抚石问千古，尽在不言中"。砚背有三叶虫两只。上部一只躯干残缺，但头部保存完好。下部一只长9厘米，宽7.5厘米，头部质感如生，眼睛瞳孔炯炯，躯干尾部完整。如此珍品，世所罕见。

该铭文表达了该石古远沧桑的韵味，又表达了作者对该石用语言难以表达的惜爱情感。（图4-7-5）

图4-7-5　三叶虫化石砚（正背面）

宝袭琴砚

此砚以无燕子的石板刻成，其石质细嫩如玉，呵之有湿气油然而生，琴形。以刘长卿"弹琴"、李颀"琴歌"、丘为"寻山西隐者不遇"、李白"听蜀僧浚弹琴"等五首唐诗刻成七行，以代琴弦，别出心裁。右铭：以诗代弦练余心。左铭：空山鼓琴，沉思忽住，含毫邈然，作如是想。砚背上刻："宝袭。"左刻：金玉其声，空谷遐心。中有鞠通，福燕百龄。"砚盖燕子石长 31.5 厘米，宽 16.8 厘米，其石燕子成群。在燕子石当中，如此密集者极少。（图 4-7-6）

图 4-7-6　宝袭琴砚　王鹏藏

第八节　龟石

　　临朐山南十九千米之辛寨西山有寺曰龙岩寺。龙岩寺历史悠久。据史书记载，龙岩寺建于唐朝开元年间，唐肃宗时修浮图三级，宋宣和年间重建，后毁于战火。民国二十三年（1934）重修龙岩寺，院落三重，古松参天，周围树木茂盛。龙岩寺又名天池寺、张龙寺，当地农民俗称其为南寺。龙岩寺位于辛寨南流村东五千米的山中，西北与龙门山相望，西南与安子沟村相邻。寺内东西碑二座，东侧的碑文刻有"寺名龙岩自唐开元建寺"。明代户部侍郎傅国名曰天池，故名天池寺，且刻碑留诗云："残碑余宋字，故塔是唐年。昔时该寺金碧辉煌，钟鼓喧阗，佳时令节，世女集往，文人圣客……"其中记载了龙岩寺左侧石洞中有一天然泉眼，形如石盂。清代《临朐县志》曾有"龟石产辛寨龙岩寺石洞中，天然龟形，磕自底盖自分，质细而润，蓄墨数日不枯"的记载。龟石多为椭圆形石饼状，外观多呈黄褐色或微紫色。以龟石制砚，质细而润，发墨状况好。（图4-8-1、图4-8-2）

　　龟石残存寒武系地层，为各种不同形状的含生物碎屑的泥质灰岩。其主要成分为：方解石和泥质物、少量的生物化石碎屑。其外形各异，有成葫芦状者，有呈龟壳形者，

图4-8-1　辛寨龙岩寺龟石产地

图4-8-2　辛寨龟石产地

龟砚即以此而得名。龟石分布范围有限，仅存于残坡积物或洪积物中，一般只有雨季被雨水或洪水冲刷后才能得以少量发现，故极为珍贵，为世人所重。

以龟石制砚，因其自然成形，只需腹背的石面略加雕磨即成为砚。龟石砚由内至外有外环状彩色条纹，为他石所不具备，不需多加雕刻，利用其环带状条纹刻以砚铭。龟石硬度略高于其他砚材，理细而不滑，发墨不滞笔，为砚林中异品。（图 4-8-3）

近些年，随着社会的巨大进步，20 世纪 90 年代又在临朐的寺头镇、冯家峪西山周围发现了龟石的又一个产地。此地产的龟石不但量大，而且形体大的较多，形态各异，剖开后，颜色有绀青、沉绿、褐黄等。

临朐的龟石，石质细腻，颜色主要有黄褐、绀青、沉绿、茄紫等。有的石色还有带彩的，形成山水或人物，极美。有的颜色中间还带有茄紫色石核，有的还像年轮一圈一圈的，但不易得。

龟石是泥质灰岩，硬度约 3.5 度，略高于端石，主要成分是方解石、泥质物和少量生物化石碎屑。龟石的形状因为是仔石，纯自然，所以制砚的过程中，要巧妙地利用其形、其边设计制作。

图 4-8-3　虫蚀砚　田芙蓉作

船形砚

此砚为龟石中间劈开后，上部断了约四分之一，严格意义上讲，当为废料也，然作者"化腐朽为神奇"的手段高人一筹，竟作为"船舱"处理，将其作为砚盖，恰到好处地掩住砚池。由此可见"巧思"较"巧工"在制砚方面尤为重要。（图4-8-4）

图4-8-4　船形砚　傅绍祥作

第九节　田横石

　　明嘉靖年间的《即墨县志》即有田横石的记载。清代《即墨县志》称："田横石质坚，色黑如墨，少有文彩，偶见金星。以其制砚，下墨颇利。"砚石产于田横岛西南隅近海处，岩石从岸延伸入海。裸露于陆上的石材干燥质松，不宜制砚。淹没海水中的下层砚材需退潮时方可开采。石质温润，质密色黑，带金星者，映日可见，下墨颇利，发墨有光，极为实用。

　　田横石呈灰黑色，层状构造微层理发育。镜下观察，石由泥级黏土质和粉砂岩屑组成，岩屑分布均匀，云母等矿物质定向排列。其矿物成分为：云母、长石、石英及炭质物和黏土级矿物。其主要黏土级矿物成分约占70%—75%，其他岩屑矿物成分占25%—30%。

　　田横石有被海浪上潮退潮所冲刷形成的子石，可依石形而设计雕刻，或山水人物或瓜果等。其板状石材硬度适中，色泽统一，其创作题材面极宽，作者可任意发挥。

　　田横岛（图4-9-1）因齐王田横兵败、与其五百将士落荒此岛而得名，以田横誓死不降汉、五百义士慕义集体从死岛上的壮举而闻名。据传说，田横砚即为当年田横的兵将来岛上时，用其磨砺刀剑，被田横门客中的文人所发现，遂以刀削剑刻，略加雕饰作

图4-9-1　田横岛远眺　　　　　　　　　图4-9-2　田横石产地

为砚台所用。田横砚石产于田横岛西南部深水中，其石质缜密细润，硬而不脆，坚实耐研磨（图4-9-2）。因这种石料长年受海水的温润滋养，饱含的水分不易散发，所以色泽油黑而透亮，莹润如玉。用这种田横石雕凿的砚台，储水不涸，滴水不干，研而无声，发墨如油，具有上乘砚石的特点。随着时光的推移，田横石的优点逐渐被历代文人所赏识。明代嘉靖、万历和清代乾隆版《即墨县志》均有记载，称"田横石，可琢砚""田横石质坚，色黑如墨，少有文采，偶见金星"。另外，《即墨县乡土志》《崂山志》等地方典籍亦多记载。

明清期间，田横砚即在当地广为流传。有资料记载："即墨的田横砚为地方名产，当年曾随卫所京操官兵携入北京，作为珍贵礼品，赠送朝中显贵及京城的达官贵人。"（明代，驻即墨沿海防御城堡鳌山卫、雄崖所的一部分守军，每年分春秋两季进京检阅，展示部队的操练情况，谓之京操。）

田横砚更让文人推崇的，还有它所承载着的"封建士大夫精神"。产于田横岛的田横砚，因为田横至死不降的气节，人们又称其为英雄砚、义士砚。这一独到的文化因素，更扩大了田横砚的影响，尤其令人们所珍爱。清代著名诗人学者匡源有诗《田横岛石砚歌》赞曰："泗上亭长为天子，齐王东走沧海里。洛阳一召不复还，五百义士岛中死。碧血沉埋二千年，水底盘盘结石髓。割取云腴制砚田，温润不让端溪紫。广文韩君家岛边，一苇可航去咫尺。为言潮落鱼龙潜，始见岩根露平底。此时奋锸好施功，剥尽皮肤得肌理。隆冬亲往冒严寒，铲雪敲冰僵十指。磨之砻之粗具形，函封遥寄长安市。我与翰翁各得双，漆光照耀乌皮儿。故人高谊厚如何？绝胜琅玕与文绮。我闻岛上有残碑，旧迹荒凉迷故垒。惟余废井长莓苔，髻碧沉沉波不起。摩挲片石景遗徽，烈士风规深仰止。案头相对发古香。正合研朱读汉史。"著名诗人、即墨文化名人蓝水有《咏田横岛石砚》赞道："英雄殉义田横岛，海底石雕砚最工。貌自阴森如铁面，质尤坚致类精忠。颇同龙尾色无紫，不似黑山似有红。即墨侯名闻远近，出身本在二劳东。"

第十节 浮莱山石

　　浮莱山石因产于莒县城西十千米、浮莱山西之"砚疃村"一带而得名。浮莱山中古寺，传为春秋时鲁公与莒子会盟处，寺内有大银杏树一棵（图4-10-1），枝叶茂密，成荫避天，传为春秋时所种植。寺后有"校经楼"（图4-10-2），为南朝刘勰著《文心雕龙》一书时之居所。此书明万历年间曾作为贡品。

　　浮莱山石主要产于浮莱山西南的砚疃村北。浮莱山石真正开采利用，是在20世纪70年代初，当时临沂市工艺美术研究所根据《莒县县志》及民间所提供的资料，由刘克唐、鲍玉杰、蒋红心、孙建功到浮莱山西、砚疃一带挖掘，带回了部分石材，在研究所试制。而后，莒县人张子建、杜廷相到临沂工艺美术研究所学习制砚。由此，浮莱山石砚得以发展。

　　浮莱山石产地除砚疃一带外，还有洛河镇南洛河山之温石及莒县东西十八千米寨里河乡龙尾砚（图4-10-3）。据雍正《莒州志》载："东坡守密州，取龙尾石制砚，并为之砚铭。"

　　浮莱山石中还有一种温石，色现紫绛及橙黄，质地细润，不需精雕，自成砚形，

图4-10-1　银杏树

图4-10-2　校经楼

图4-10-3　浮莱山石产地

冬月着水不冰。其地隆冬雪后，漫山皆白，唯温石一脉，雪先消融，水汽蒸腾。相传洛河单子坪避难吉林，隆冬卖字街头，幸有此砚。其石多为藏青或浅绿，石多扁平，周围各异，边缘石纹纵横交错，酷似画中龙尾纹饰，因而得名。（图 4-10-4）

　　浮莱山石为含粉砂质的微晶石灰岩。在地质构造方面，浮莱山石产于郯庐断裂带白芬子—浮莱山断裂旁侧的震旦纪土门群佟家庄组下部。其岩性为暗绿色薄层状或透镜体状含粉砂质的微晶石灰岩。石色绀青、褐黄、沉绿，多具有自然溶蚀边及制砚工艺中所称的"冰纹"。这种冰纹是沿岩层的不规则裂隙进行填充的褐色含铁质的方解石脉。砚石多为扁平石饼，周边有天然风华石纹，纵横交叉，不仅质润理细、加工性能良好，而且与墨相亲、发墨有光，加上其"冰纹"和周边风化纹，不施雕琢，别有风趣。

图 4-10-4　云龙砚　宋维津作

第十一节　砣矶石

　　砣矶石因产于砣矶岛而得名。砚矿位于岛西北悬崖峭壁的洞穴中。石壁高三十多米，屹立于渤海之中，过去采石需沿峭壁走险而下，过滩攀折而上，极为危险，1998年底去访砣矶石，情况有极大的改善，逶迤而下的峭壁上修造了石阶。即使如此，也使人胆战心惊。上山亦沿此阶而上，不要说搬石，就是空手而上，也气喘嘘嘘。可见砣矶石采石之艰难。（图4-11-1）

　　砣矶石质朴无华，成砚发墨而不损毫。砚石纹彩如一泓碧水，波光粼粼，映日泛光，雪浪犹如惊涛拍岸。有金星嵌入其间，此古人所谓"雪浪金星者"。

　　砣矶岛出露地层由石英岩、千枚岩、板岩组成，主要为绢云母千枚岩磁铁长石、石英岩，厚度大于450米，集中分布岛西侧的磨石咀—倩头山一带。其岩显微镜下鉴定为硬绿泥石绢云母千枚岩，肉眼观察呈灰黑色，晶质结构，千枚状构造，其中主要矿物质成分为绢云母，鳞片状定向分布。硬绿泥石，纤柱状微晶体或板状微晶定向特点亦较显著。石英，微机晶状或微晶集合体状，分布于绢云母与硬绿泥石之间，局部集中构成绢云母、石英片岩薄层。白钛矿和少量电气石，砚石表面群星闪烁即白钛矿，所谓"雪浪"即灰

图4-11-1　砣矶石产地

图4-11-2　砣矶岛西海岸砚洞远景

白色绢云母、石英片岩。（图4-11-2）

砣矶石也称"金星雪浪砚"，高似孙在《砚笺》中称其为"登石砚"，系著名的鲁砚之一。砣矶砚，始于宋代熙宁年间，已有900年历史。

砣矶石呈青灰色，石质细润，纹理妍丽，具有发墨、益毫、坚而润、不吸水等特点。天然纹饰有金星、雪浪纹、金星雪浪、罗纹、刷丝纹等。有的因含有微量的自然铜，犹如金屑洒在石上，闪耀发光，即所谓金星。有的有明度不同的雪浪纹在石表面，小如秋水微波，大如雪浪滚滚，着水似浮动，映日泛光，故又名金星雪浪。加工雕刻成砚后，其色泽如漆，如金星闪烁，似雪浪腾涌，油润细腻，柔刚相间，敲之清脆，有金声玉振之说。以砣矶石为砚，不吃墨，不起沫，不渗水，发墨如油，涩不滞笔损毫，为砚中尤物，堪与端砚媲美。且时有金星入墨，妙笔字画顿生异彩。

砣矶石的开采、制砚始于北宋熙宁年间，盛于明代、清代。清代雍正年间，砣矶砚已成为地方官吏敬献皇帝的贡品。据清代内府造办处档案记载："雍正七年十二月二十五日，太监张玉桂、王常桂交来花玉木匣砣矶砚九方，传旨养心殿造办处收着。"

图4-11-3　砣矶石　乾隆御题砚

乾隆帝所得砣矶砚为长方形，石色青间碧，中刻一蟠，边刻四螭绕之。砚底刻有乾隆皇帝手书赞誉七言绝句："砣矶石刻五螭蟠，受墨何须夸马肝。设以石中例小品，谓同岛瘦与郊寒。"（图4-11-3）

此砚现存于故宫博物院。乾隆皇帝诗中的"马肝"，系指产于广东省端州（今肇庆市）的端砚。端砚呈马肝色，历来被视为砚中的佼佼者。古人赞诗说"端州砚工巧如神，踏天磨刀割紫云。"誉其雕琢精美。可见"何须夸马肝"正褒扬了砣矶岩可与端砚相媲美。诗中的"岛瘦"与"郊寒"，系指唐代著名诗人贾岛和孟郊。其二人的诗作的风格，清真僻苦，格调幽雅。在乾隆皇帝看来，砣矶砚与端砚恰似贾岛与孟郊的诗风一样，独树一帜，各具千秋。据日本《鬼阜斋藏砚录》图谱中载，砣矶金星雪浪砚已于清代传入日本。

历代名人雅士对砣矶石评价很高。史书《唐录》誉砣矶砚："色金星，罗纹金星，甚发黑……"《砚品》："宋时即鼋矶石琢以为砚，色青黑，质坚细，下墨甚利，其有金星雪浪纹者最佳，极不易得。"宋代书画家苏轼称赞道："色泽如墨玉，金星如铜屑遍布，理细质坚，扣之有声，发墨如油。"宋代砚石鉴赏家唐彦猷在《砚录》中记载："登州海中砣矶石，发墨类歙，纹理皆不逮也。"宋代李之彦在《砚谱》中云："砣石质坚色黑，有浪纹，映日有金星，纹理类歙，下墨颇利。"明代画家徐渭称："砣石可与歙石乱真。"清代乾隆钦定的《西清砚谱》曰："是砚虽新制，而质理锋颖，佳处不减龙尾，可备砚林别品。"清董寄庐评鉴砣矶砚为："砣矶石似歙而益墨，洗殊胜之，有枯润二种，得之润水中者尤佳，石家藏此砚而宝之。"据说，清代大画家高凤翰收砚成癖，其中就有砣矶砚数方。

以砣矶石制砚，因其石质石色，可以刻制题材广泛的作品，如能围绕"雪浪"做文章，可以取得"以少胜多"的艺术效果。吴伯箫先生所题鲁砚的赞词"渤海裁云寄墨香"，即指砣矶砚。

久旱逢甘露砚

此砚系砣矶水下石材，由于长期海浪的冲击，形成了许多凹凸不平、久经沧桑的历史印记，似久旱龟裂的大地。作者充分利用这些自然边及砚面上的自然纹理，挖方砚堂，在墨池中雕一水牛，如在久旱的大雨中尽情嬉戏。雕琢的水波纹同砚面上的雪浪纹交融在一起，构成一幅久旱逢甘露的旱雨图。

砚额有行书铭为李白诗："东风洒雨露，会人天地春。"（图 4-11-4）

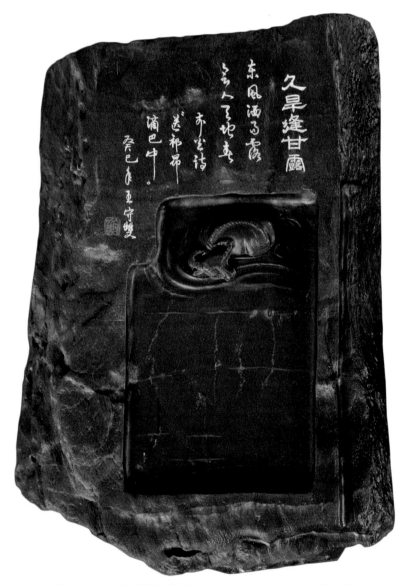

图 4-11-4　久旱逢甘露砚　40cm×28cm×7cm　王守双作

双福砚

砣矶石中有雪浪金星者尤为珍贵。清乾隆钦定《西清砚谱》中说："是砚虽新制，而质里锋颖，佳处不减龙尾，可备砚林别品。"清董寄庐评鉴为："砣矶石似歙而益墨，洗殊胜之，有枯润两种，得润者尤佳。"

该砚属得之润者，石质润嫩可人，上部刻双福，砚堂中雪浪纹隐隐可观，其造型为传统椭圆形砚式，中规中矩，可赏可玩。（图 4-11-5）

图 4-11-5　砣矶石　双福砚　廖芝军作

第十二节　紫金石

谈到紫金石,应当将青州、琅琊两地各个历史时期的范围先厘清。琅琊郡(国)的由来,是秦统一六国后,分封天下36郡时始,定其名称,汉沿秦制。当时的琅琊郡北至公来山、箕屋山(也就是沂水北的穆岭关一带),东到胶南沿海,西至费县东一部,南邻今郯苍一带。而青州西东汉时期南部、西起东阿、长清、莱芜。穆岭关(古齐长城东至诸城以北,不含诸城,时诸城属琅琊)胶南一带。唐以后,琅琊郡已撤,其地域改为沂州、密州,北至沂源,穆岭关、胶州一带。而整个山东大部设青州总督府(不含兖州、莱芜、高唐以西),至北宋设京东路(含今整个山东及江苏、淮阳一带)。由于米芾的《紫金帖》、唐彦猷《砚录》、高似孙《砚笺》皆为宋人及宋人之砚籍。而清乾隆所铭紫金石太平有象砚铭。查清代青州府亦不含沂源、穆岭关以南地区。

这样就厘清了一个问题,琅琊郡从来就不含临朐或临朐一部。而青州则宋时仅含临淄以东沂山以北、寿光以西、济水以南的狭长地区。

紫金石制砚始于唐,盛于宋,之后逐渐湮没,实物流传极为稀少。宋高似孙《砚笺》云:"紫金石出临朐,色紫润泽,发墨如端歙,唐时竞取为砚,芒润清响,国初已乏。"宋唐彦猷《砚录》云:"尝闻青州紫金石,余知青州,至即访紫金石所出,于州南二十里曰临朐界,掘土丈余乃得之。石有数重,人所取者不过第一二重,若至第四重,润泽尤甚,而色又正紫,虽发墨与端歙同,而资质微下。"宋李之彦《砚谱》云:"青州紫金石,状类端州西坑石,而发墨过之。"又宋米芾《砚史》云:"紫金石与右军砚无异,端出其下。"宋代的砚学家对紫金石都有记述,并品誉甚高,而后竟连青州府志和益都、临朐县志都没有记载。1973年,在元大都遗址出土了米芾铭紫金石砚实物。此砚为凤形,其色正紫,有隐约青花和豆绿色小点,映日遍体泛银星,果然是芒润清响,不同凡品。砚背有米氏铭:"此琅琊紫金石制,在诸石之上,皆以为端,非也。元章。"另外,在故宫周刊还看到了两幅米氏手书影音本,都是谈紫金石砚的。其一为:"新得紫金右军乡石,力疾书,数日也。吾不来,果不复来用此石矣,元章。"其二:"苏子瞻携吾紫金砚去,嘱其子入棺。吾今得之不以敛,传世之物岂可与清净圆明本来妙觉真常之性同去住哉。"米氏对砚研究至为精湛,对砚石

要求甚严，竟对紫金石如此宝爱，紫金石为制砚上等石材由此可见。（图 4-12-1）

由以上地域的改隶、演进而看出，米芾《紫金帖》与唐彦猷《砚录》、高似孙《砚笺》所言，不是一回事（另外，安徽寿春所产北宋杜绾《云林石谱》其文曰："寿春府寿春县，紫金石出土中……"与青州、临朐、临沂差异较大，其多为刷丝纹，和出土的紫金砚特点有较大差异）。临沂城西薛南山村东有山曰"紫金山"，其附近产石，临沂砚友称为紫色石，然亦与北京元大都出土的紫金砚有差异，故此不敢妄断。故此，临朐、临沂两地的砚友所争，皆对，皆不对。皆对者，文献皆有记载，米芾所说"琅琊紫金石，不含临朐紫金石，而唐彦猷所说青州紫金石，不含临沂，高似孙所说的紫金石出临朐，清乾隆砚铭："紫金石临朐产……"。不含青州、更不含临沂。所不对者，两者皆否定。紫金石不产临朐，或紫金石不产临沂。所以说两地皆产紫金石，不是没有可能的。如果在临朐或临沂发现的紫金石，其特点与元大都出土的紫金石凤字砚的石质特点相符，我们都可以定名紫金石。有临朐砚贾者以临朐所产冰纹石名为紫金石，以利益为驱动。我在《鲁砚的鉴别与欣赏》已经阐明，不再赘述。故此，在没有见到真正紫金石的发现，已成定论的前提下，将两地所产紫石，皆暂名之为紫石。将来经过砚人的努力，寻找到真正的琅琊紫金石或临朐紫金石不是没有可能的。

图 4-12-1　紫金石　石渠砚　李冠增作

第十三节　鲁柘澄泥砚

宋苏轼《东坡文集》有谓："泽州吕道人，澄泥砚多为投壶样，其首有吕字，非刻非画，坚致可以试金，道人已死，砚渐难得。元丰五年三月七日，偶至沙湖黄氏家，见一枚，黄氏初不贵，乃取而有之。"又苏轼题跋云："淄石号韫玉，发墨而损笔，端石非下岩者，宜笔而褪墨，二者当何所去取？用褪墨砚，如骑钝马，数步一鞭，数字一磨，不如骑驴用瓦砚也。"苏氏所说的瓦砚当指澄泥砚。

苏、米均有砚癖，又是北宋的书画大家，他们对澄泥砚都很赞誉，其品评也是客观的。

关于宋代澄泥砚的制作方法，记述很多。宋张《贾氏砚录》云："绛人善制澄泥砚，缝绢袋至汾水中，逾年后，取砂石之细者已实囊矣，陶为砚，水不涸焉。"宋苏易简《文房四谱》云："作澄泥砚法：以墐泥令入于水中，手挼之，贮于瓮器内，然后以一瓮贮清水，以夹布囊盛其泥而摆之。俟其至细，去清水，令其干。入丹黄，团和溲其造茶者，以物击之，令其坚。以竹刀刻作砚之状，大小随意，微阴干。如法曝过，厚以稻糠并黄牛粪搅之，而烧一伏时。"然后入墨蜡贮米醋而蒸之五七度，含津益墨，不亚于石者。"所述可谓详尽。

之后的砚书、辞书和地方志，均沿用宋代诸家所述，无甚新说。米芾、苏轼、苏易简、张泊皆北宋著名文人，又处于澄泥砚鼎盛时期，其说自有所本。但诸公都没有也不可能亲自动手制作过澄泥砚，所述制澄泥法，无非是来自当时的制砚艺人。而艺人之艺，素有保守之习，难有全盘托出者，古今依然。故米、苏、张诸公之说，固有其对的一方面，也有其不切实际之处，因此以讹传讹近千年。澄泥、端砚、歙砚、洮砚并称中国四大名砚，澄泥砚是其中唯一以人工澄炼之泥烧制而成的陶砚，也是唯一不以产地命名的砚台。它风韵典雅，窑变奇幻，巧夺天工，雅俗共赏，历代文人学士奉为案上珍品，苏东坡、米芾、朱元璋均有所钟，著文记之。清乾隆皇帝在磨试了内务府收藏的澄泥砚后，亲感其妙，赞誉"抚如石，呵生津""不渗墨，研磨快"。

澄泥砚制作（图4-13-1至图4-13-8）：以沉淀的渍泥为原料烧炼而成。经过取土、制浆、滤泥、澄泥、制坯、晾坯、磨制、雕刻、烧制、蜡煮、抛光等十余道工序。成砚后，看似碧玉，荧耀生辉，抚如童肌，细润柔滑，叩之有金石之声，锵锵悦耳，用则腻而不滑，发墨而不损毫，贮水不涸，历冰不寒，有橘子红、玫瑰紫、鳝鱼黄、蟹壳青、墨玉黑、斑鸠灰等。澄泥砚集实用价值、收藏价值为一体。澄泥砚属陶类，它的前身是古代的陶砚。可能古人受秦汉间砖、瓦当生产的启示，结合陶砚再精工制作，逐步升华为澄泥砚。澄泥砚的形成约在汉唐，略早于端、歙。唐宋之间，端、歙尚处于初创阶段。宋代李之彦《砚谱》载："澄泥砚细腻坚实，形色俱丽，发墨而不损毫，滋润胜水可与石质佳砚相比肩。"清代《砚小史》云："澄泥之最上者为鳝鱼黄，黄质黑章名鳝鱼，黄者色若鳝鱼之背，又称鳝肚黄，较细腻发墨，用一匙之水，经旬不涸，一窿之墨，盛暑不干。"其次是绿砂，又称茶叶末、蟹壳青，较硬。又次为玫瑰紫，日本人称之"虾头红"。澄泥砚之所以呈现不同颜色，是因为烧制时不同温度所致。关于澄泥砚的制作方法，据宋代的《贾氏谈录》和《文房四谱》中的说法，大致是取河床下的泥，淘洗后用绢袋盛之，口系绳再抛入河中，继续受水冲洗。如此二、三年之后，绢袋中的泥越来越细，然后入窑烧成砚砖，再雕凿成砚。根据实践证明，宋代《贾氏谈录》和《文房四谱》中成砚流程同样是错误的。

宋代制作澄泥砚的地区分布较广，其中著名的有：绛州（今山西省新绛县）、泽州（今山西省晋城市）、虢州（仅河南省灵宝县）、柘沟（今山东省泗水县）。陶土矿以柘沟为中心，东西走向约 26 千米，储量 12.2 亿立方米。在柘沟一带为裸露区，一般距离地面 0 至 3 米，易于开采。土中含有二氧化硫、二氧化硅、三氧化二铁、二氧化钛、氧化镁等成分。用此土烧制的大缸腌出的咸菜清脆香甜，名满京城。而用这种陶土烧制的柘砚更是质地优良，颜色丰富。

图 4-13-1　沉淀　澄泥池

图 4-13-2　晾干　晾坯场

图 4-13-3　砚模

图 4-13-4　锤击印模演示

图 4-13-5　锤击成型

图 4-13-6　修整

图 4-13-7　修整后晾坯

图 4-13-8　窑炉

鲁柘澄泥砚，又名柘砚、鲁柘砚、柘沟砚等，山东泗水县特产，具有沉静坚韧、温润如玉、含津益墨、声若金石、手触生晕、发墨如油、不渍水、不损笔等特点，因产于春秋时期鲁国属地制陶古镇柘沟得名，宋后为四大名砚之一，在日本、韩国和东南亚享有盛誉。1972年中日建交后，日本访华团成员提出要购买鲁柘砚，这才引起有关部门重视，发现鲁柘砚原产地在泗水县柘沟镇。此后，泗水县多次组织生产，均未获成功。1989年孔子文化节期间，石可先生提出恢复鲁柘砚生产的构想，以恢复和发展鲁柘砚为目标，并亲自到泗水柘沟，与杨玉祯先生共同研制。经试制、试烧，屡败屡试，历时三年，终于于1991年春于泗水柘沟其原产地试制成功。且其品名远于往者，其艺术价值又非其他澄泥砚可比。石先生还亲手制砚达六百余种，于方圆中求变化，即保留古风，又具有时代感，使之在砚林中独具风采。

柘沟镇因盛产土陶出名，更因鲁柘砚而名扬海内外。烧制鲁柘砚必须用陶土，此土是柘沟镇得天独厚的资源。据考证，鲁柘砚产于具有五千多年制陶历史的古镇——泗水县柘沟镇。全国各地出土的鲁柘砚证明，该砚始于唐代以前，宋时期最为兴盛，曾被誉为四大名砚之一。清乾隆皇帝曾为其收藏的钟式东鲁柘砚赋诗一首："模削谁成几上宾，洪钟作式出陶均。设如洞理文流响，七召畴为待扣人。"但是，由于种种原因，鲁柘砚制砚工艺失传多年。

中华人民共和国成立后，泗水县陶瓷厂和柘沟镇曾多次组织能工巧匠恢复鲁柘砚生产，均未获得成功。1990年，泗水县成立鲁柘砚工艺美术研究所，建小窑，购置澄泥工具，制作装泥浆的布袋，搭建阴干泥浆的凉棚，置办整毛坯的板、锤、刻刀等工具……1990年冬，第一窑鲁柘砚烧制。由于从备料、澄泥、成坯、雕刻、装窑、烧结等道道工序都格外严谨，第一窑竟然奇迹般成功了。1991年5月，全国政协原副主席谷牧出访日本，将鲁柘砚作为国礼赠送给日本前首相海部、中曾根等贵宾。此外，鲁柘砚作为高级礼品还赠送给韩国、德国等国家以及中国香港、中国台湾地区的知名人士和朋友。

1991年，在研究所全体成员的共同努力下，当年鲁柘砚就生产出十多个花色、二百多个品种(以仿唐宋砚为主)，具有沉静坚韧、温润如玉、含津益墨、声若金石、手触生晕、发墨如油、不渍水、不损笔等特点，其质地、造型、色泽、使用等方面，与国内同类澄泥砚相比毫不逊色。2007 年初，鲁柘砚被列为省非物质文化遗产。

自中唐起，鲁柘澄泥砚历代皆为贡品，在中国砚台史上占有重要地位。文人墨客视其为珍宝，多为题铭珍藏。在现代，山东泗水所产的澄泥砚与河南洛阳、山西绛县所产澄泥砚争相斗艳。（图 4-13-9、图 4-13-10）

图 4-13-9　耳杯砚　杨玉祯作

图 4-13-10　箕形砚　杨玉祯作

第十四节　山东其他砚材

山东还有许多砚材。有的砚材极佳，但蕴藏量小，没有开发价值。有的虽已开发，然开发前景不被看好。有的已被水库淹没。这里分别简述如下：

1. 紫丝石，产于临沂临港开发区北岗镇。石含朱砂，发墨极佳。紫丝石石质化学成分与端石相近，故有"莒端"者。然其成砚后发墨颇利，与歙石相近。曾有一方传世的紫丝砚，其铭曰："乡里有紫丝石，何必南国求歙端。"20世纪70年代，临沂工艺美术研究所曾试图以紫丝石批量试制，然蕴量极少，开采不易。文字资料仅见于石可先生《鲁砚初探》一书。由于其石含朱砂成分，发墨有光，为砚中奇葩，堪称文房瑰宝，为文人墨客所重。因其蕴量极少，故为砚林极品。（图4-14-1）

2. 温石，产于即墨马山洪阳河底。其色有紫红、青花、胭脂晕、朱斑，尤其以带眼而有别于山东诸砚材。今已建水库，无法开采利用。

3. 鹤山石，产于宁阳县鹤山乡的龟山和鹤山。以鹤山石制砚仅见于《纪晓岚砚谱》一方，其色呈砖红色。鹤山石为微晶泥质灰岩，发墨效果良好，目前尚未形成

图4-14-1　飞天砚（正背面）

加工规模。

4. 鹊金墨玉石。明高濂《遵生八笺》中载明时名砚："如黑角砚、红丝砚、黄玉砚、紫金砚、鹊金墨玉砚，皆出山东。"由此可见各种名目的鲁砚，在明代仍有一定的地位。鹊金墨玉石产于山东腹地莱芜以东的泰沂山区，其蕴量相当可观，其色呈灰墨色，其间有褐色条纹有规律地分布其间，易与歙砚相混，为泥质灰岩。其发墨效果极佳，是一种理想的制砚良材。（图 4-14-2）

5. 杏山石。高凤翰《砚史》有二方杏山石砚，均为自然形。高凤翰言："杏山砚，家乡产也，不甚著名，而天趣特妙，存之以识别调，阜道人左手记。"又云："崖谷天成，四面峻层可爱，惜不可拓摺存之。"其一，为苍水使者，其铭为："苍水之精，灵坼其甲，欲发其藏，勤启尔匣。"其二为斑螺蜕砚，铭为："千年老蛟遗蜕，不朽化为泥，取以琢砚斑陆离，助我尊赋腾光辉。"又铭："斑螺蜕，石道人铭，乾隆丙辰成，腊月十九日记。"（图 4-14-3）

图 4-14-2　莱芜鹊金墨玉砚产地

图 4-14-3　杏山石自然形天成砚

鹊金墨玉石　石鼓砚

该石鼓砚，文四百六十有奇，依宋安国拓本临刻而成，较明顾从义临刻石鼓本多三十八字。其中"而师石"增二字，"马荐石"增一字，汧沔石等八石增字多少不一，根据宋本反复校对，使其更为接近。由于石鼓自唐发现后，辗转移运，字迹大部剥蚀，故宫现存石鼓文字已不足三百字，故可作为研究石鼓文重器。临刻此石鼓砚，作者反复寻石，先选端、歙、红丝，而颜色较殊，徐公石色正然厚料极难得，故均不适合刻此砚，而淄石石质太松，故最后选用该石，历时一年有余矣。

鹊金墨玉石产山东泰沂山区，石色如墨玉，间有喜鹊翎色，故得此名，是鲁砚近年来根据史料找寻而得的一种石品，"其性如歙，其质玉润，磨墨无声，发墨如油"，明高濂在《遵生八笺》中有载。（图4-14-4）

图 4-14-4　鹊金墨玉石　石鼓砚　刘克唐作

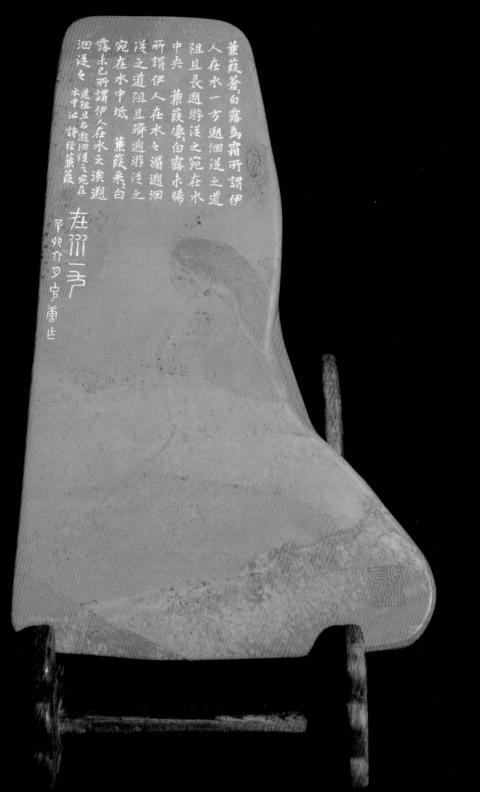

蒹葭蒼蒼白露為霜所謂伊
人在水一方遡洄從之道
阻且長遡游從之宛在水
中央　蒹葭萋萋白露未晞
所謂伊人在水之湄遡洄
從之道阻且躋遡游從之
宛在水中坻　蒹葭采采白
露未已所謂伊人在水之涘遡
洄從之道阻且右遡洄從之宛在
水中沚　詩經蒹葭

在川一方

甲外介口宁唐止

第五章　鲁砚的石品纹理特征

　　鲁砚的产地覆盖面很广，几乎遍及整个山东地域。由于各种砚材的质地结构和砚材形成的原因以及砚材的化学成分，都存在着很大差异，因而形成了各种不同的石理、纹彩和自然形态。这些不同石理、纹彩和自然形态是鲁砚创作的前提条件，也是有别于其他兄弟砚种的主要特点之一。而这些石理、纹理和自然形态是鉴别鲁砚的重要因素。现分别介绍如下：

第一节　青州、临朐红丝石

　　青州红丝石呈紫红色刷丝纹，石质细嫩，极为难得。笔者所见有些书籍出土或传世的（古代）红丝砚，砚材大多数为临朐所产。惟山东省博物馆所藏红丝石箕形砚，与青州红丝石的石质细嫩、刷丝纹非常密集的特点相合，较为可信。

　　笔者曾于二十多年前访石农，在黑山老坑石洞仅得一块自然形石饼，略作加工后即呈极细密的紫红色刷丝纹。石质嫩润如膏，磨墨试之，发墨无声，墨色如油，确为砚石中极品。但此后多次探访都空手而归。

　　2001年秋，陪同日本治砚界朋友到黑山，洞口被坠石所封，原址如前。洞口东五十余步山崖凹处见有红丝石隐有所露，但无法开采。仅日本朋友用石块敲下火柴盒大小一块带回。笔者访日时，皆交口称赞极品极品。2000年以后，在当地石农不断努力下，终于在黑山之阳重新找到了青州红丝石。黑山阳面坑、基建连坑、松树林坑等优质砚材。此后又在邵庄一带、庙子镇一带、王坟一带发现了红丝石坑口。黑山一带的坑口产石，石质细嫩如玉，发墨如油，有红底黄纹和黄底红纹两种，色泽沉稳庄重，确有名石气象。唐宋人所推"天下砚四十余品，青州红丝第一"，此言不虚。

临朐红丝石产于冶源老崖崮，其石纹分红底黄丝和黄底红丝两种。其红底黄丝者，石质娇嫩，结构细密，其硬度在 4 度左右，贮水不耗，呵之有水珠现出，发墨状况良好，与黑山红丝相近。其黄底红丝者，纹理清莹，且变化莫测，色艳不浮，结构细密，发墨状况和黑山红丝及红底黄丝者相比稍逊，然仍不失为优质砚材。（图 5-1-1）

有一种被当地称为"红花石"的石品，质地松软，易吸水，须浸水养之数日，方可发墨。这种石材正是杜绾、米芾、李之彦所说"须饮水使足乃可用，不然燥渴。"此种石材可用作文房用品或其他工艺品，不可用作砚材。现在市面上有以此石制砚者，多封以蜡，以欺世人，购者不可不察。

图 5-1-1　红丝石　黑山砚　21cm×25cm×8cm　祝继军作

敦煌系列砚

在观音大士的头部恰好利用了一个天然好似佛像的纹理装饰。观音面相恬静，双唇微微张开，下方好似凡间的俗尘滚滚，一些扭曲的人形在那里苦苦挣扎，他们的灵魂正期待着观音点化，以跳出苦海。（图5-1-2）

图5-1-2 敦煌系列砚 看汝缕缕相思泪砚 刘希斌作

第二节　淄石的雪浪金星和虞望山的淄砚新品种

历史上有端石尚紫、淄石尚黑之说。米芾、陆游皆对其有记载或品评。而洞子沟石明即用于制砚，清、民国一直延续到现在。砚工多属民间艺人，以工取胜。其石材多苍黑，细嫩者用之刻砚。如唐彦献所评："可与端歙相上下，色绀青者，歙石之左右。"宋人所载的金雀石产于金雀山，但时过名易，不知所出，其带金星的淄石很少。高凤翰的雪浪金星砚，应属于洞子沟的优质砚材。洞子沟的优质砚材上层多坚润，金星偶有出现，大小不一，映日泛光，带翡翠斑点。其实，淄砚中带"瓦烁之象"的石材，选其密致者，仿刻瓦当汉砖，皆十分逼真有味。

博山虞望山一带所产淄石，是淄石中的新贵，而非历史上的所谓淄石。石色多呈绀青、荷叶绿、紫云、天青等色。其石质坚而不顽、温润如玉者，为其上品。还有的石色五彩缤纷，如巧用之，则达到"巧用天工"的艺术效果，极具观赏性。（图5-2-1）

图5-2-1　绿天砚（正背面）　徐峰作

第三节　金星石的虫蚀边、金星、石彩纹理与子石

　　产于费县箕山涧的金星石，由于大自然的作用，经过水蚀形成了虫蚀边和子石。其虫蚀边，多为含金星矿物的颗粒经过氧化而形成，其虫蚀孔大小不一，且无规律地残留在石表或石侧。

　　金星石的金星圆占大多数，偶有方形、三角形和不等边形，大者如豆，小如微尘。其圆形的金星还有晕层，中间有瞳子。由于金星硬于砚石的质地，所以一般在制砚时将"金星"设计在砚堂受墨处之外，实在不可避免，应尽量地根据石材结构，或深或浅地刻挖砚堂，以使砚堂中金星降到最少点。金星石中有的石面呈乳白色或微黄色的彩纹，其质地与石材的质地相同，其状如云雾，如龙如凤，若树木，若山川，变幻莫测。（图5-3-1至图5-3-3）

图5-3-1　金星石带有虫蚀边的纹理

图 5-3-2　云腾九霄　王安作

图 5-3-3　一花一世界　王涛作

第四节 徐公石的自然形边饰、冰纹及纹理

徐公石其形方圆不等，千姿百态，每一块石材，不加以雕饰皆成砚，所谓鲁砚中"天成砚"即指此石。可以说徐公砚不论有多少方，都绝不雷同。其石经过地下水的浸蚀，由于地质结构、地理位置等因素，其自然形的边饰也不尽相同。（图5-4-1）《临沂县志》所载的边生细碎石乳的砚材多产于徐公店村北的砚台沟和村东芦山西头的老坑，其自然形边饰多成锯齿形细牙状。其石细嫩抚之如童肤，温润如玉，发墨状况极佳。

柴胡山等新坑的自然形纹饰多为较粗犷的规律状纹饰，石质稍硬于砚台沟老坑石，其石质、石理状况与老坑无异。（图5-4-2）

另外还有一种尚未完全发育良好、石化尚未完全形成的石材，其石的利用，砚堂多用于石化好的层面。其他未石化好、裸露石表的石皮，根据需要适当剔除和保留，若利用得好，可达到意想不到的效果。

徐公石的石色主要有褐色、蟹壳青、茶叶末、鳝鱼黄等色，有的石材一石数色，其纹彩如朝云、彩霞，还有如油膏浮于水面，十分可爱。

笔者偶得一徐公石，初加工时甚觉平常，但随着砚堂的挖磨，渐渐露出蟹壳青色，且清莹如玉。再挖砚堂，右侧出现褐黄色，形如荷叶，且有叶脉从上折下，如荷叶的彩

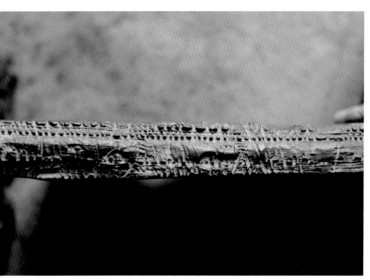

图5-4-1 芦山西头老坑的细牙状自然边饰

图5-4-2 柴胡山的大花牙状的自然边饰

色纹理中有青色荷叶筋规律地出现其中。于是根据其色其状刻"留得残荷听雨声"，意犹未尽，又填点绛唇一词刻于砚额。

再如佛像砚，作者根据其基本特点，顺势将石材左侧的橙黄石色刻浅浮雕佛像，宝像庄严。但是这种利用，鲁砚中猎及者极少，没有严格的基本功训练和准确的造型能力很难企及。

徐公石的冰纹多有形无痕，有金、银线夹杂其间，石多出老坑，其他新坑偶有出现。这种砚材温润细嫩，发墨无声。（图 5-4-3）

图 5-4-3　观云高士砚　崔洪良作

第五节　薛南山石的自然边饰和石彩纹理

　　薛南山石的自然边饰，由于地质和结构的原因，砚石的发育形成与徐公石自然边饰有相同之处，又有不同之处。相同之处皆为地下水蚀形成，但自然边饰的外观效果确有很大差异：徐公石多细碎石乳状，而薛南山石多成竹节状。（图5-5-1）

　　薛南山石呈深绿色，有彩纹如微尘，有形无质，形成各式各样的形状。其彩纹与金星石和徐公石的纹彩的不同之处，在于其含云母类的成分较多，映日有贝光发于深处。（图5-5-2）

图5-5-1　薛南山呈竹节状的自然边饰

图5-5-2　薛南山石　薛南之珍砚　亓石明作

第六节　龟石的环状纹理

　　龟石多为扁平椭圆形子石，石表有风化层，磕之脱落。其形成的原因，笔者认为，产石的山涧应是远古的河床，砚材经过河水的冲刷，相互撞击而形成。大者15厘米左右，小者如鸟卵。石色多为黄褐、天青、绛灰色，茄紫、赭红较少。以龟石刻砚应考虑其实在石彩的因素，有时可能出现晕状的环形纹彩。这种环形纹彩的形成可能是河床经过几亿年的沉升，被含有某些化学成分的地下水侵蚀、浸透而形成的。石质略硬于其他砚石，理细不滑，纹彩由内向外层层晕染。（图5-6-1）

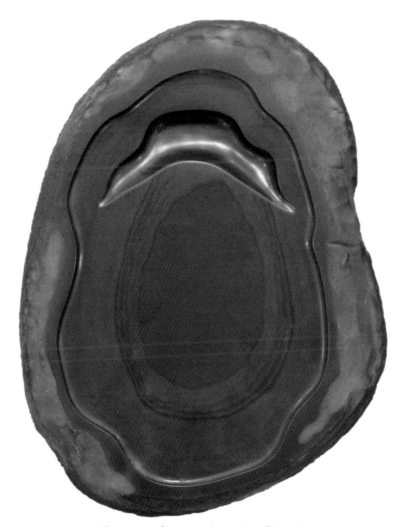

图 5-6-1　龟石砚　岭上砚文化博物馆作

第七节　尼山石的松叶纹和豆青色砚材

　　尼山石多橘黄色，砚材多在石灰岩夹层中间，厚薄不一，大者十分难得。砚材磨平后，偶有松花状的黑色石纹出现，为假性化石，疏密不均。石质较鲁砚中的龟石、红丝石、徐公石等相对较软，硬度在 3 度左右。

　　另外，尼山石除橘黄色外，还有一种呈豆青色的石材，是尼山石传统色彩以外的品种，纯正无杂色。以此种石材刻砚，创作思路和题材相对较宽，可采用线雕、浅浮雕等手法。（图 5-7-1）

图 5-7-1　尼山石　如意云纹砚　丁辉作

第八节 田横石子石

田横石多为苍黑色，砚石大多数为板材。砚材矿延伸入海，为水岩，需退潮时方可采集。水岩多温润，石质细嫩，有偶见金星者，映日可见。田横石多为层状岩板，横凿易开，竖凿往往横开。一般多用机械切割，方能成形。

田横石产地在海滩上，有许多田横石子石，可独形成砚。如巧用之，则可出现一种特殊的效果。这种子石，经过不知多少世纪海浪冲击。石材在海浪冲击的作用下，相互摩擦逐渐成为天然子石状。（图 5-8-1）

图 5-8-1 田横石 半亩良田砚 张洪星作

第九节　砣矶砚的雪浪金星及彩色砚材

《砚品》云："宋时即以砣矶石琢以为砚，色青黑，质坚细，下墨颇利，其有金星雪浪纹者最佳，极不易得。"明徐渭谓："砣石可与歙石乱真。"砣矶石的内在结构和化学成分及外观视觉效果，都和歙砚的龙尾山石极为接近。

砣矶石石色青黑，含细微石、石英末，映日泛银光，形成遍布的细碎银星，并含有少量自然铜，形成金星。砣矶石由于含云母成分，故形成了雪浪纹，小如秋水微波，大如雪浪滚滚，映日有贝光，因而以雪浪金星称之。砣矶石的金星与金星石的金星硬度不同。金星石的金星硬度比砚材硬度大，所以不能用于砚堂，而砣矶石的金星硬度和砚材硬度相同，故作砚堂亦无妨。

砣矶石中有一种极为罕见的带橙红色彩的砚材，如旭日将升，朝霞映红海面。此种砚材，下墨颇利，而色泽如油，为砣矶砚石中的极品。砣矶砚石中的子石形成原因与田横石的子石形成原因相同，故不另述。（图 5-9-1）

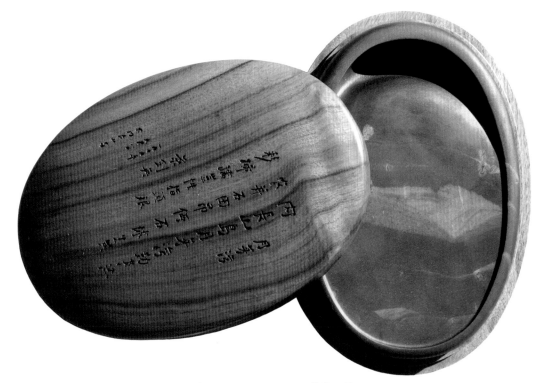

图 5-9-1　砣矶石砚　廖芝军作

第十节　三叶虫化石中各种形态的燕子、蝙蝠状化石

　　燕子石学名为三叶虫化石，早在晋代就已被发现利用。（前章已述，此处不再详述）其三叶虫化石中完整者极为罕见，我们平时所见到的如燕子状、蝙蝠状的化石，皆为三叶虫尾部化石。因三叶虫的尾部皆为骨质，故较容易石化而形成化石，还有残存于石表的头鞍部分。其色泽有红色，亦有灰色的。红色者较少，多见于莱芜市的燕子石矿源，而灰色者居多，其产地矿源几乎遍及整个泰沂山区。（图 5-10-1）

图 5-10-1　张瑞乾作

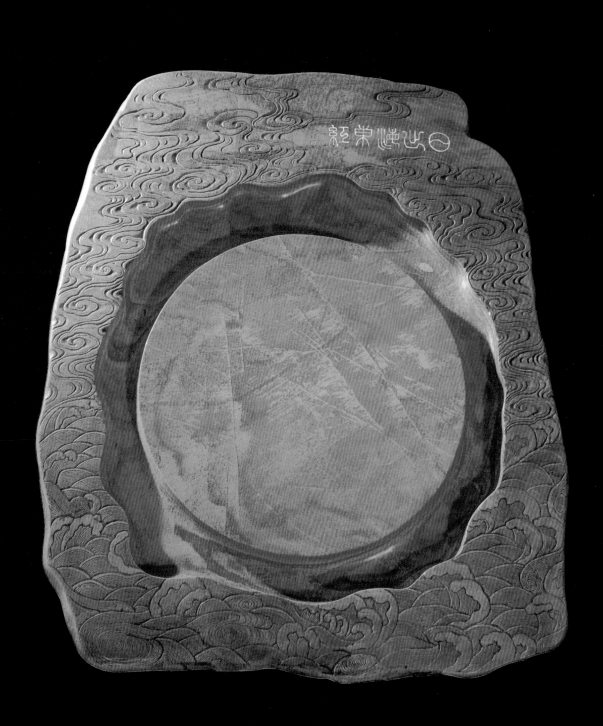

第六章 鲁砚的制作

　　鲁砚的制作和其他兄弟砚种的制作方法有同有异。任何砚种的制作都离不开采石、设计、雕刻等几个过程。（图6-1至图6-12）但由于制作者的心态和创作的原动力不同，这就和其他兄弟砚种有着不同之处。

　　鲁砚的设计一般先观察，观察砚坯的造型、石色和砚坯内在的石色纹理、有可能出现的其他因素。我们将这一过程称之为"相石"，且这过程往往花费的时间相对较长。

　　通过观察，基本掌握了砚材本身所具备的各种先决条件，心中已有成砚，然后是上墨稿。所谓墨稿，即是先大体确定砚堂、砚池的位置，然后再把所要表达的内容、立意和题材用毛笔画于砚坯。这些内容、立意和题材也就是后来的砚的装饰部位。而一方砚成型后的品味高低，大多是在这一过程当中就已基本确定。这就是鲁砚设计当中的第二步——上墨稿。砚的装饰都侧重于砚的砚额、砚侧或背面。其正面部分的装饰部位一般不应超过整个砚体的三分之一（个别情况也有打破常规的，这就是有法和无法的关系）。在这个过程当中还有一个不容忽视的问题，即砚的稳定性。任何一方砚坯，不论其造型如何，必定有一个相对稳定的平行线置其下端。这方砚成型之后，给人一种稳定的感觉，否则就头重脚轻，比例失调。

　　鲁砚的雕刻，是在砚坯墨稿的基础上，先用刻刀将装饰部位的图像和砚堂、砚池的轮廓刻画出来，这是第一步。而鲁砚的雕刻过程和其他兄弟砚种所不同的是，先刻砚堂和砚池，然后再刻图像部分。因为鲁砚的砚材大多坚脆，如果先将图像部分刻好，再刻砚池、砚堂的话，很容易将图像部分破坏，而达不到预期的设计效果。

　　砚不仅具有实用性、观赏性，还有一种性能就是通过抚摸把玩而获得快感，所以古人对砚强调"手感"一说。现在很多刻砚艺人，认为刻得越多、越透为好，甚至有立雕、圆雕和镂空雕刻，其实这种观点是错误的。任何一门艺术都有着它自身的艺术语言，如果违背了这一原则，就不仅仅只是画蛇添足的问题了。砚的艺术语言就是强调圆润，也就是"手感"。曾见有的砚台使用透雕，甚至龙须都是凸起镂空，使人一见便提心吊胆，又有谁敢去抚摸把玩呢？这样的作品（其实谈不上作品）还被人洋洋得意地搬来搬去，到处展览，而每次搬运，总免不了多处受损。而残余最多的当然还是镂空的龙须。树脂胶、瞬间黏合剂便派上了用场。多次损伤、多次黏合，已成了伤痕斑斑的残次品。所以鲁砚的雕刻多采用浅浮雕和线雕，深浮雕极少采用。当然，这也是鲁砚砚材自身条件所致：一是鲁砚石材较为坚硬，透雕不易成型；二是鲁砚砚材多为自然天成砚，如施以深浅浮雕或透雕，很容易破坏其砚材的自然美感。鲁砚中的雕线极富弹力，而尤显力度。鲁砚的雕刻注意粗中见细，粗犷豪放，注重大关系，追求整体效果。在粗细关系上有所侧重，该细的地方细，该粗的地方粗。粗细对比强烈，而更突出了细。

鲁砚在制作过程当中，极力避免拼凑堆砌、支离破碎的现象。鲁砚的雕刻特别注重大关系和整体效果。

传统制砚讲究不留刀迹，多用圆刀，鲁砚的砚堂、砚池制作也遵循这一原则。但有些纹饰的雕刻则有意人为地留有刀迹。如一些汉画像、青铜纹的处理，更显得浑朴而粗放，这就是鲁砚所追求的"大气"。

在鲁砚设计雕刻中非常注意主次关系，这是在前人制砚的优秀传统上总结出来的。一方砚台，不论其大小，它的功能还是以实用性为前提，所以砚堂和砚池应当占主要的位置，装饰雕刻属于从属地位。近年来，曾在各种展览会上，见到很多制砚，装饰成了主要部分，有的甚至俗陋不堪。问其原因，说是现在砚的实用已退居次位，欣赏已成为主要的了。这里我想说的是，既然实用已退居次位，那么何必再刻砚呢，刻成一件雕刻工艺品岂不一切都解决了吗？一方砚台不论欣赏还是实用，其前提还是砚，否则就不成其为砚。关于鲁砚设计制作中的其他问题，石可教授早在三十多年前已在《鲁砚》中有详尽的论述，这里就不再重复了。

图 6-1　相石

图 6-2　设计

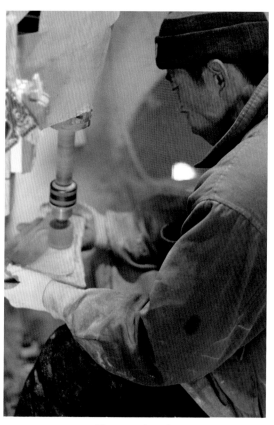

图 6-3　磨砚堂

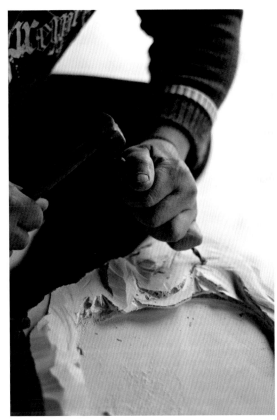 

图 6-4　粗加工　　　　　　　　　　　　　图 6-5　雕刻

图 6-6　打磨

图 6-7　上蜡

图 6-8　刻砚铭

图 6-9　制作锦盒

图 6-10　制作木盒

图 6-11　木盒包装

图 6-12　锦盒包装

第七章　鲁砚的艺术风格

　　每一个砚种因其所处的地域文化、环境、风俗，甚至气候不同而形成了不同的艺术风格。因其石质的硬度不同、结构不同而又产生了不同的雕刻工具和雕刻方法。以一个砚种去套另一个砚种，其艺术风格和雕刻方法都是徒劳的。所以，一个砚种的艺术风格的形成，是自然而然所形成。任何兄弟砚种的优秀设计、雕刻方法，都可以借鉴，但不可生搬硬套。山东砚石品类繁多，也只能在大的概念上、大的设计理念上统一风格，在齐鲁文化的基础上统一风格。然而由于石质不同、硬度不一，而各地的文化也有一定的差异，因此各个不同的砚种也存在着一定的差异，其本身也有着它们的特点。

　　自唐宋以来，各种关于砚的研究、著述多达百种，对砚的造型、选材也有着不同的见解。米芾强调"器以用为功，玉不为鼎，陶不为柱，石理发墨为上"，直至今天仍然是我们制砚的基本法则。在这基本法则的前提下，然后注重制砚工艺的艺术性，注重制砚艺术的文化含量。就是说，艺术首先要有非常高超的技术和语言，没有这种高超的技术语言，不能称其为艺术。但仅有高超的技艺，没有对制砚艺术生命的体验和思考，没有思想，没有感情，就没有激情，创作出来的制砚作品就不能感染人、打动人。陆游说"石不能言最可人"就是这个意思。只有用心创作出来的作品才有生命、才有灵魂。鲁砚恢复发展到今天，山东的砚人始终遵循毛泽东"古为今用"和石可先生所倡导的"浑厚典雅、简朴大方"的带有浓厚鲁砚文化色彩的创作思路和原则。

　　中国历代刻砚分为两大流派，一为匠作砚，二为文人砚。匠作砚多以师傅带徒弟的方式传授技艺。其特点是雕工细致、相互因袭，缺少创造性。一种题材、一种砚式可以生产出几方砚台，甚至几十方砚台。

　　文人砚系文人所为。文人多长于诗文、书法或绘画。宋代大文豪苏轼、米芾，明代龚贤，清代纪昀、高南阜，皆一生嗜砚，或假他人之手，或亲自雕刻。他们不以治砚为业，而是将其作为人生的体验。他们的修养、心境和人生境界通过刻砚艺术得以体现。他们以综合知识推动砚艺的创作，以砚为一种载体，抒以性情，赋以生命，扩展了砚的时空，强化了砚的表现机制，丰实了砚的文化内涵，其作品有着强烈的艺术感染力。陈师曾在《士与中国文化》中指出："文化和思想的传承和创新，自始至终是士的中心任务。"文化人士借这一载体来表达自己的思想和兴趣，中国的文人从来也没有放弃过这一方面的传承和创新。他们在砚与精神的"人文"桥梁中，发挥着承上启下的作用，在文化方面始终进行着不懈的努力。（图7-1）

　　砚作为物质产品所体现的文化内涵，从本体及造型经营，赋于传统的审美观念。长期以来，中国古代遵循着"丹漆不文，白玉不雕，宝珠不饰"。何也？质有余者不受饰也，至质至美的传统艺术思想。视之意境，则随天、地、人而异，志趣修养不高，无以言意境。所谓意境可以从古人中学，也可在自然中悟。所谓学和悟，都离不开作者的主观意识，在继承传统中有人撷其精华，有人则拾其糟粕，皆志趣修养不同所致。

　　意为砚之灵魂。意靠人立，修养有不及，立意则就不会高远。所谓"石不能言最可人"，美在于发现，而不是靠看见。有人见美不知石美，有人却能在看似平常的石材中发现美。发现靠认知，能发现取决于认知水平如何。认知就是一种修养。

　　当今文人学者多认为刻砚是"雕虫小技"，不屑一顾。这就是当前国内砚艺"式微"的主要原因之一。当今对治砚艺术通透的学者文人极少。只有部分学者浸淫书卷，嚣俗尽祛，涵养深醇，题咏风雅，并对砚文化有着深刻的理解。当代仅赵朴初、启功、陈叔亮等数人而已！

　　鲁砚的恢复发展至今近五十年，其问世伊始，即有别于其他砚种，带有强烈文人色彩，带有高格调的艺术境界。之所以其具有强烈的生命力和艺术感染力，与这些著名学者的参与及鲁砚的文人型作者全身心地投入是分不开的。著名学者赵朴初先生在《临江仙歌鲁砚》一词中写道："道是天成天避席，还推妙手精思。""妙手"从属于"精思"，妙手乃技艺，精思乃思想，技艺从属境界，境界从属于思想，思想在技艺中得以体现。

　　石可教授是一位学者型艺术家，早年受鲁迅先生的影响很深，为宣传新文化，曾致力于木刻艺术；另一方面还受我国著名考古学家、金石家王献唐的教导，致力于文物工作和金石篆刻艺术。制砚是他艺术造诣的一个综合产物而已。他著有《鲁砚》一书，其对砚史的研究绝不亚于以前各代《砚史》《砚笺》的价值。砚史、砚笺都不外乎记述某方砚台、某种砚材、某些记载等，而石可先生分析砚的制作艺术和对刻砚艺术规律性的

图 7-1　东坡赏砚图　刘克唐绘

总结都是以前砚史、砚笺所没有的。对刻砚艺术的继承和创新，直接影响着鲁砚的风格，并对其他砚品、砚种也起到一种借鉴作用。

石可先生还身体力行，亲自刻砚。先生的刻砚风格总是带有一种金石气，给人一种厚重感。这种厚重感源于他学者的文化沉淀，也和他早年从事木刻艺术和金石篆刻艺术有关。

姜书璞先生长期从事文史研究和刻砚艺术，以中国传统的天人观指导创作，提出了"天人合一，物我相忘"的艺术思想，开创了制砚艺术的一代新风。利用琅琊石材的天然肌理，他成功地创作出独具天趣的砚台风格。他砚作成功的基础是古文底蕴深厚而又有时代创新意识。他善于假"天工之手"借为我用，以"少少许胜多多许"的创作理念，使作品达到"天人合一"的境界。他的砚作总是带有一种哲理性，给人们一种启迪和思考。如果说石可先生的砚作是带有金石气的碑，而姜先生的砚作则是带有书卷气的帖。他们的制砚理论和创新思想对鲁砚艺术风格的形成起到了关键作用。"鲁砚"的其他创作者大多师从二位先生，自觉不自觉地接受了二位先生的文人砚艺观。他们大都涉猎于文学、书法、绘画领域，并努力地提高自身的艺术修养，用于刻砚艺术。启功先生在给著者的题词中说："石之交，文之武，笔之歌，墨之舞，大师余技此中睹。"是对鲁砚和鲁砚制作者的高度评价。

砚是人刻的，人的艺术品味多高，其制砚艺术作品的品味就多高，所以鲁砚的作者总是在不断地提高着自身修养，不断地提高自身的艺术品味。这也是鲁砚在短短 30 年的恢复发展中取得的成功经验，并赢得社会各界的赞扬和鼓励。而鲁砚艺术格调高的原因所在是鲁砚的制作者们对历史和当代制砚行业有着一个整体和清醒的认识，一步一个脚印地前行，并引导着后来者。他们在努力地寻求超越自己、超越制砚行业的障碍和干扰，表达了一种格调的高境界。他们对许多艺术门类的涉猎，推动了他们的艺术追求，量化到他们的刻砚作品中。这种带有典型"高南阜化的风格"和"人文化"的作品，无疑是鲁砚的代表风格。

第八章　鲁砚创作的几个特征

鲁砚追求内在美，"天地宇宙人世之原美，发于声色，由道而技，技进于道"。内美实际上就是一种"天人合一""道艺合一"的美和美的境界。鲁砚的追求，一师"古人"，二师"造化"。所谓师"古人"就是继承传统，特别是师高凤翰砚风。鲁砚的作者搜采广博，穷极研究，合众长为己有。他们作书、作画、读书以为营养，在制砚中用刀如笔，惨淡经营。所谓师"造化"就是以自然为师，重在创新，将前人在制砚中所没有涉及到的领域，成功地运用到制砚艺术中。

第一节　惨淡经营、天人合一

鲁砚中有"十几"种砚材，这些砚材的色泽、纹理、石质和自然形状等方面各具特色。而这些大自然所赋予的特点，正是鲁砚构成其独特风格的主要因素。如何根据这些特点，在选材、构思、成型、雕饰等诸方面采用不同的艺术表现手法，鲁砚的作者们在整体的把握方面可谓"用心良苦，惨淡经营"，以期达到文化内涵深厚、作品耐人寻味的艺术效果。而局部的处理、细部的雕刻都从属于整体把握的前提之下。所谓"天人合一"，即是如何将观察到的鲁砚中自然石材或纹理，产生美的联想和美的感受，并巧妙地加以利用。鲁砚石材中具有的天然美，要靠作者去挖掘，去发现，这就是天工。通过挖掘发现，从整体上把握设计。有些自然美妨碍整体效果，也要毫不吝惜地坚决去掉。加上雕刻装饰处理，达到最佳艺术效果，这就是人工。二者整体的把握和巧妙的结合使作者的设计思想、艺术处理手法和砚材的自然美融为一体，和谐自然，相得益彰。

鲁砚石材的自然纹理和自然形态各不相同。如红丝石有红底黄丝的刷丝纹，还有黄底红丝的刷丝纹，金星石有金星和虫蚀，徐公石的自然形和如云如雾的石理以及冰纹、金银线，薛南山石如竹节状的自然边饰和别具形态的砚材肌理，燕子石的三叶虫化石，尼山石的松叶纹……如何将这些大自然所赋予的美，给予充分利用，将其最美的东西展现出来，鲁砚的作者往往是在设计过程中用功最深，用时最长。每一件砚材，他们通过观察、立意，然后设计，有时几天，有时半个月或更长时间，一旦设计定稿，雕刻的时间就相对少得多。当然也有灵感闪现的瞬间而完成的设计，这也是必然中的偶然。

以红丝石"云月"砚为例。作者利用一块大型的自然红丝石经过反复思考后，随其自然剥蚀边，顺着它的回旋刷丝纹，并随形开大墨堂，刻圆墨池，圆池上部掩于云月下做明月，于左端无纹处刻草书铭文"云无定态态千万，文无定法法自在"。这样处理不但不损其纹，而且利用其纹彩加以雕饰，于是产生了和谐而又独特的艺术效果。（图8-1-1）

再如珍藏于工艺美术珍宝馆的著名燕子石相思砚。作者得此砚材，初看平常无奇，也感觉无从下手，就将其放置书案，每天都要看一看，想一想。直到看见关于介绍中国台湾的电视节目，作者为之一振，这不就是一方形象逼真的宝岛砚吗？设计雕刻燕子石作为背面，砚面刻一"龙纹"作砚池，寓示台湾同胞共为龙的传人。砚池下刻甲骨文表示历史悠久，用周恩来的诗句"燕子声声里，相思又一年"寓意海峡两岸人民盼望宝岛回归祖国的相思之情。从砚材到内容乃至寓意，高度和谐统一砚台就完成了。

又如龟石"劲节砚"。此砚天然柱状，形如竹节，作者顺石形于中部较大空间开长方形砚堂，真可谓"天人合一"的典雅之作。作者惜刀如金，不做多余一刀的雕饰。正面刻"劲节"二篆书，背面刻小篆铭文："竹节精劲，石骨坚凝，虚心贞性，是我良朋。"这方砚台反映出了作者的文化品味和"天人合一"的创作思路，是"简朴大方"鲁砚风格的代表作之一。（图8-1-2）

图 8-1-1　红丝石　云月砚　石可作

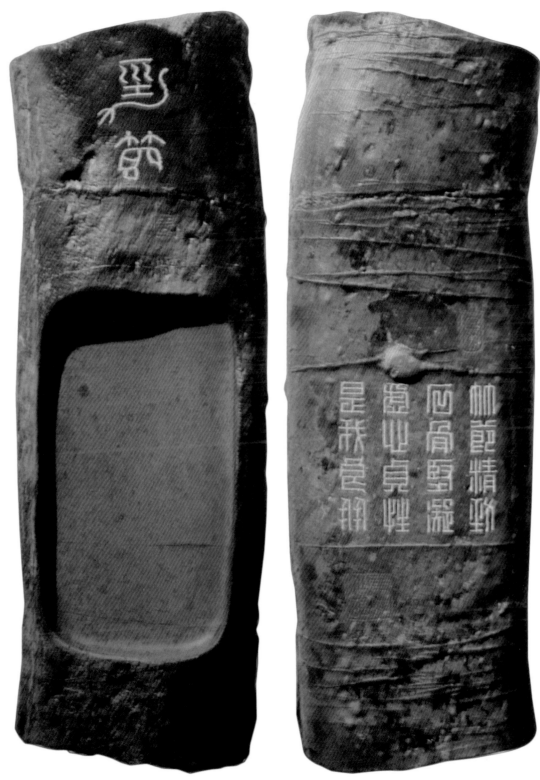

图 8-1-2　劲节砚（正背面）　姜书璞作

第二节　规矩方圆、奇形正体

任何一门艺术，都有其独特的艺术语言和表现形式，砚也不例外。砚的原始状态其实没有什么装饰，只是随着社会的进步、文明的发展，自宋而明而清，装饰才逐渐增多，然而其装饰部位都是砚额、砚底、砚侧（或周围）。作为以实用功能为主体的砚堂、砚池还是占有绝大部分的正面可视部位，如汉的三足砚，唐宋的箕形砚、玉堂砚，明代的随形子石砚等。即使演化到清代，尽管出现了一些繁杂精细的砚台，甚至有些繁琐的俗陋之作，其装饰仍属于附属部分，其砚堂、砚池还是占据砚的主要和主导部分。任何一个时期的砚都是在砚堂、砚池占主要或主导部位的前提下，装饰属于从属部位，以方圆造型为主导砚式。至于出现了一些随形或其他形式的砚也都是由方圆而演绎的，其方圆关系非常讲究。

鲁砚的创作，始终都在严格遵守着这一创作规律和原则，拒绝一切以石材限制为借口而违背这一创作规律和原则的现象。鲁砚中的一些极富特色的自然形砚材，砚堂、砚池部位都不可避免地出现极富特色的自然纹理，在设计雕刻中都毫不客气地坚决去掉。当然砚堂、砚池中出现冰纹，如云雾和其他状态的自然纹理，就像端砚中的青花、冰纹、鱼脑冻等，极富观赏性，就应当特别珍爱。在雕刻过程中，要边雕刻边观察，一直到将其展现得恰到好处。尽管这些自然形态的砚材外形不是方圆，但处理砚池、砚堂时也要注意方圆关系。在线和面的处理方面，甚至极其微妙的线与线的衔接、面与面的衔接，也要注意方圆关系和刚柔关系。鲁砚中的线多注意其弹性和张力，这就是刚，也就是所谓广义上的方。面和面的衔接，多注意圆润柔和，这就是柔，也就是所谓广义上的圆。刘海粟先生题词的"严骨静质，奇形正体"就是指的鲁砚中的这种创作手法。

金星石"琅琊刻石"砚，近长方形，四面虫蚀自然边。在右上角突出部分，模拟缩刻秦琅琊刻石86字；左上角低于刻石，刻行书铭款，并署名琅琊砚工。石产琅琊，镌琅琊刻石，作者又是琅琊人之意。凿方墨池，随形开长方形大墨堂，刻石、墨池、墨堂用三个大小不同比例、不同高低的方形相重叠，端庄而有变化，古朴而又新颖，给人以视觉的冲击力。这是鲁砚中成功运用"方"的典型例子。

再如徐公石自然形"海天浴日"砚。该砚石质细嫩如童肤，有石乳遍体突出，极富美感。然而也给作者出了一个难题——如何利用石乳，弄得好则锦上添花，如果将石乳全部保留，砚堂又极难处理。作者考虑再三，还是将中间部分石乳铲掉，刻环形池，中央留圆形砚堂，周边部分的石乳保留，顺石乳下的边缘刻海浪纹。环池的边线极富弹性。中间的圆形砚堂和环池的边线形成了鲜明的对比。这就是鲁砚中成功的运用"圆"的典型例子。（图 8-2-1）

徐公石"弥勒"砚，其外形如天然石壁。作者以大肚"弥勒"轮廓开凿砚堂，观之如摩崖刻石。堂内挖弯池，中间凸起处的椭圆形如弥勒肚腹，上刻三世佛。奇形的外观与规矩的砚堂、砚池形成对比，是"方圆关系"演绎的成功砚例，是"奇形正体"的代表之一。（图 8-2-2）

图 8-2-1　徐公石　海天浴日砚　刘平栾作

图 8-2-2　徐公石　弥勒砚　姜书璞作

第三节　自然简朴、虚实相宜

所谓"简"与"繁"是相比较而言的。纵观中国美术史和工艺美术史，都要经过由"简"到"繁"再由"繁"到"简"的过程；纵观每一个历史阶段，不同的地域、不同的人文环境，又有着"繁"和"简"的审美观的差别。我们不能简单地说"繁"比"简"好，或者"简"比"繁"好。八大山人画面的"简"，简到不能再简的程度；黄宾虹先生画面的"繁"，但千笔万笔复归一笔。所以说"简"也好"繁"也罢，只要是能充分表达出思想、刻（或画）出境界来的作品都是受人欢迎的作品。

鲁砚的艺术风格总体来说是"简朴大方"的艺术风格，但也不排除相对来说比较"繁"的作品。只是鲁砚中的"繁"是在简朴大方前提下的"繁"，鲁砚中的"简"是建立在艺术修养和知识品味上的"简"。没有基础的所谓的简，往往流于空洞无物，而建立在知识的广博和较高艺术修养的"简"，是艺术的高度概括，是艺术表现的取舍得当。没有简，就很难做到朴。朴即古雅、浑厚。否则便达不到"天人合一，复归于朴"的艺术效果。

任何一种砚材都有着它本身条件的因素，往往是形成其风格的主要原因之一。鲁砚中石材的这些因素，同时对制砚者来说又是一种制约。我们不可能将那些美不胜收的自然形的砚材切割成方块或圆形，那是对材料的浪费。在因才施艺的前提下，巧用天工。所谓"天工"，就是大自然所赋予"鲁砚"自然形态的砚材，经过反复推敲，将这些自然形态的砚材以简洁的手法赋予它艺术的生命，这是鲁砚中"自然简朴"的艺术风格的前提。

关于虚与实，古代画家乃至现代画家往往有这样一种实处易、虚处难的困惑。制砚艺术又何尝不是如此。所谓的实，就是砚中需要雕刻的部分。所谓虚，就是留白，就是砚中所留出空白的区域。只要留好的白，把握好整体，那么实的处理就相对容易得多。所以一方砚的成败，关键就是虚实关系处理是否得当。解决好这一问题，也是我们制砚工作者长期需要学习和研究的问题。

大自然的造化真是令人叹为观止，薛南山石"龙马负图"砚是作者未加一刀的杰作。作者仅将其砚材磨成中央微凹状态，石面显示出一"龙马负图"的形象。龙首马身，背负一物，恰与传说中伏羲时"龙马负图出河，圣人则之"的神话相吻合。作者仅在左侧刻龙马负图四个篆字。作者的艺术修养和丰富联想的匠心从此砚中可以看出。（图8-3-1）

老坑红丝石"云月"砚，作者磨成砚池后，观察到下部有紫红色的黄刷丝纹如风起云涌之状，右上角有一云晕。经过反复推敲，作者决定采用以少胜多的艺术手法，在其上部刻一月牙形砚池。尽量保留周边的自然形纹饰，左下角仅刻一年号、一作者图章，与右上部的云晕和月牙形成互映。此石为黑山阴老坑洞所产。云月砚石质嫩如玛瑙，沉透文静，温润无瘢，紫红质，淡黄刷丝，纹自然而有规律，如云如水，砚心微凹。上部刻一月牙，显得动中有静。因此石形纹颇美，故未加多余雕饰。背刻启功先生的铭文："石号红丝，唐人所贵，一池墨雨天花坠。"这方砚台少刻一点也不行，多刻一点也多余，是鲁砚中简到不能再简的砚例。（图8-3-2）

图8-3-1　薛南山石　龙马负图砚　姜书璞作

图 8-3-2　红丝石　云月砚（正背面）　刘克唐作

浮莱山石"听雨"砚，是鲁砚中相对较"繁"也是用工较多的一方砚台，是因材施艺的必然结果。该砚砚材厚重，石色呈深绿，边缘有褐黄色。作者依形刻一柄荷叶，叶边自然舒展翻卷。局部凿以虫蚀，荷叶下隐一青蛙似露非露，大有"雨停蛙跃出"的视觉效果，较好地表现了"留得残荷听雨声"的诗意。此砚立意突出，整体感强，图饰和砚材浑然一体，造型和色泽"巧借天工"。"繁"得恰到好处，是鲁砚中"自然简朴"风格前提之下的"繁"。（图8-3-3）

图8-3-3　浮莱山石　听雨砚　刘克唐作

虚实关系的处理，是鲁砚中较为重视的重要环节。虚实处理恰当，能够取得事半功倍的效果。砣矶石"双鸠"砚，取八大山人的绘画意境。砚中的双鸠是实，大面积石块是虚，以凿点替代中国画中的点苔。这样虚实互映、以虚代实的创作手法，是鲁砚艺术处理手法之一。其砚背亦以虚代实，八大山人造像的身躯以石块代替，形成了大面积的空白，与八大山人造像以外的空白形成了互补关系。砚右上角以石材的天然石彩刻画松枝松针，画龙点睛，是"虚实得宜"创作规律的成功运用。（图8-3-4）

齐白石是中国画坛巨匠。其画用笔如

图8-3-4　砣矶石双鸠砚（正背面）

刀，极富金石气，且用笔简洁明快。鲁砚的创作原则和齐白石的绘画原则是一致的，因之齐白石是鲁砚创作者所尊重的人物之一。故鲁砚作者以崇敬的心情将其肖像刻之于砚，其肖像刻画细致入微。雕塑知识和手法在当今制砚行业中，理解与运用的人极少。能够将白石老人的神态表现于砚作当中，很少有人能企及。该砚正面仅刻白石老人的代表画作"虾"一只。虾跳出水面，大面积的砚堂当水池，虾的刻画为实，砚堂为水是虚。砚背白石老人头像为实，其身体部分逐渐过渡为虚。砚背下半部刻白石老人的书法作品，自然简朴、虚实相宜的创作原则，在此砚中得以充分展现。观者又无不为鲁砚作者的造型能力所叹服。（图8-3-5、图8-3-6））

图8-3-5　砚正面（虾）

图8-3-6　砚背面（白石老人像）

第四节　大巧若拙　刚柔并济

在艺术创作中，巧与拙总是相辅相承的。拙是建立在巧的基础上的拙，没有巧就谈不上拙。大巧然后拙，是艺术创作的高境界。

鲁砚的大巧若拙，一方面是和鲁砚的原材料有关，另一方面也和作者的审美观有关。鲁砚的作者绝大多数为山东人，山东汉子的豪迈气概也决定了"鲁砚"大巧若拙的创作手法。

鲁砚的作者是将砚台作为作品来创作，而不是当商品来对待，他们心中始终装着大巧若拙的这一创作原则。

鲁砚的雕刻装饰常常喜用甲骨、钟鼎、碑刻等，古朴典雅，用刀粗犷，给人以一种苍茫厚重的感受。鲁砚中很多作品都"粗中见细"，在整个构思、制作过程中，考虑的周密成熟，做到胸有成砚，然后以奔放的刀法一气呵成。粗犷豪放，不是粗制滥造。一般来讲，制砚都讲究不留刀痕，鲁砚的边线、砚堂、砚池都非常讲究。而砚的装饰方面，鲁砚打破了传统不留刀痕的"清规戒律"，在有的地方有意留出刀凿斧痕。如汉画像石刻、砖瓦、陶器、青铜器等传统图案，就需要有意地人为留出"刀凿斧痕"，这样的作品给人一种浑厚苍茫的艺术效果。试想如果上述题材和图案纹饰以细腻的手法刻出，其图案不但不像，还使人感觉到琐碎小气。

所以说粗和细的优劣不是一个概念。细的不一定都好，粗的也不见得不好。只要运用恰当，粗和细的手法都能创作出高品位的作品来。顾二娘的作品精巧雅致，将细发挥到极致，自成一家。高南阜的砚作粗犷豪放、不拘一格，甚至将字刻到砚堂中，为后世砚人所仰慕。现在很多的砚台不能说刻工不细，但是整方砚台的图案勉强拼凑，给人以支离破碎的感觉。所以说粗和细的优劣不能一概而论，只要是把握好整体的感觉，不论采用粗或细的手法，都能创作出优秀的作品来。

鲁砚的作品往往是"粗中有细"，用整体的粗来突出局部的细，形成对比。所谓粗就是刚，就是鲁砚整体风格的刚。所谓细就是为整体风格而服务的柔。刚是气度的表现，柔是局部创作手法的运用。刚和柔的关系既是对立的，又是统一的。刚中有柔，刚为骨，

图 8-4-1　淄石　仿"甘林"瓦当砚（正背面）

柔为肉，直为刚，曲为柔，方为刚，圆为柔。刚柔相济方能为砚。

淄石仿"甘林"瓦当砚，原砚先后为纪晓岚和李叔同所收藏，后不知流落何方。作者以淄石仿刻成砚，以补遗憾。砚边刻铭文：甘林瓦当砚经纪晓岚至李叔同，后不知所终，临刻以记。该砚以朴拙的手法刻云纹，局部云纹用刀作虚淡处理，和圆润的砚池、砚堂相互映。背面仿刻甘林瓦当多以圆刀刻法，线条追求挺劲，字体笔画方中有圆。为避免呆板生硬，外部的边缘较宽，以击残法处理。所谓"大巧若拙，虚实得宜"的创作手法在此砚中得以体现。（图 8-4-1）

砣矶石"观海听涛砚"大巧若拙，刚柔并济。是砚石材纹理如海浪汹涌，并有金星数颗映于砚面，右上角以古拙朴茂的刀法，用魏体刻曹操观海诗一首："秋风萧瑟，洪波涌起。日月之行，若出其中。星汉灿烂，若出其里。幸哉至哉，歌以咏志。"（图 8-4-2）

这方砚台从选材到借用诗句，选用字体和刀法都比较协调统一，显示出一种大气势、大格调，以刚为主要基调。怎样能做到刚柔相济呢？作者思考再三，决定在左上部刻一圆池，以示日月，与右上角的方块形成对比，观者自会于其中体会到砚作者的用心良苦。

图 8-4-2　砣矶石　观海听涛砚

砚磯金星雲浪硯

天行山人

第九章　鲁砚的铭文及制作

砚铭从狭义上讲应该不算在刻砚工艺之内，但作者从砚的意境、石质、色彩及制作时的环境，都要有所观感，做到有感而发，从字体的选用到章法的安排，都要精心策划。所以从广义上讲，仍可以说是制砚工艺的重要组成部分。

砚石有很多讲究，什么地方出产、什么时间开采和同一类石材中又分出许多名堂。有的平板砚，由于石质上佳，也有人珍重收藏，时常拿出来向人们展示。也有人拿着砚石并不滴水研磨，只是抚摸把玩。还有人在砚石上滴上水，享受研磨过程，而后并不写、不画。而大多数人磨墨后，以作书写和绘画之用，所以文人就将这些事记下来，刻在砚台上，言志寄情，以物咏砚，以砚寓事或留于子孙或赠送亲友。他们引经典，刻之于砚，于是就有了砚铭。砚铭不同于一般文章格式，于是，又有了它自身的格式。

第一节　砚铭的格式

诗、词、铭，古人归于"兴、观、群、怨"等功用。从创作者本人来讲，是满足精神的需要，可以记录、表达、宣泄，以寄托作者的情感、志向，是创作者的灵魂表露。从社会学讲，砚铭可以反映历史、世风、民意。

砚铭是国学的一个极小的分支，尽管其辉煌的时代已过去，但是它却是砚文化的有力提升。有人认为传统国学之旧，学习很难，其诗、词的格律有严格的限制。而这种限制是一首好诗、一首好词、一个好的砚铭的必要条件。换句话说，正是这种难度，恰恰是它的魅力所在。

砚铭大致可分为以下几种内容：咏物、咏事、观记、赠亲友。

早期砚铭主要内容是品砚、说砚，后来发展到述事、言志、评人论事、谈古论今，其书写的格式变化多样。砚铭有长有短，而以简短精辟为多。然砚铭不论长短，都是字字千金，给人以美的享受。砚铭有诗有赋，有文有志，有长篇大赋，也有短短几句话、几个字。格式种种，不一而足。（图9-1-1）

图9-1-1　砚铭

鲁砚中的砚铭，有的是多家撰写，雕刻者来完成；也有的是砚作者自撰自写自刻。铭砚多是有感而发，切忌无病呻吟，为铭而铭。若文辞不通，则砚以铭废。收藏家藏砚，多喜收带铭之砚。何也？因砚之有铭，砚就有了生命力，就有了与砚的对话的可能。铭者铭砚是抒发自己情感的结晶，做到铭砚一体。铭是对砚的一种文化和生命的升华，将人们对砚的理解、对世事的认识,在砚铭中充分反映出来,故而砚铭来不得半点虚假浮夸。

砚铭是碑，是碣，是赋，是辞，可作人生格言，可作佛家禅语，既可作出世想，又可作入世观。作铭者应对铭文一丝不苟。砚铭之道一要饱学，二要字佳。或瞬间立就，或反复苦吟，有先书写然后镌之于砚，有以刀代笔直接镌刻。

鲁砚中的砚铭，有的是名家撰写，如赵朴初、启功、陈叔亮等人。他们对鲁砚的热心参与，一定程度上反映了鲁砚的艺术品位，又一定程度帮助提高了鲁砚的艺术品味。

鲁砚砚风受清代高凤翰的影响最大，同时高凤翰又是铭砚大家。乾隆二年（1737），高凤翰右手发病，七月加剧，右臂废。但高凤翰竟以左手重新执笔持刀，自号"丁巳残人""左尚生"。新近发现的高凤翰的一方残砚，是高氏从扬州老残归里后，于病逝前五年所刻，其石材属鲁砚系列。其铭曰："残人得残砚，相结以为伴。同为墨所磨，磨兮终不变。乾隆乙丑三月，南阜老痹高凤翰题。"这方砚刻于1745年，其时高氏年已54岁，该砚不啻是一纸"宣言"，强烈深刻地表达了他贫贱不移、身残志坚的人品和抱一守恒的艺品，所刻铭字字铿锵，读之令人震撼。

铭砚的意境有宏观，也有微观。"大江东去浪淘尽，千古风流人物"是宏观的意境。"知否，知否，应是绿肥红瘦"是微观的意境。总之，不论宏观立意还是微观立意，砚铭当以高雅为上。

第二节　砚铭的撰写

　　当我们将一方需刻砚铭的砚放在案头，先要仔细观察砚台，对砚台先作一个全面的了解。了解砚的基本内容、砚作者的基本情况、砚台制作所处的环境、砚台的意境等等。要将这些综合因素全面考虑进去。有的瞬间立就，有的要放置数日，甚至数月。其所占用的时间，甚至比刻砚的时间要多得多。

　　然后是撰写砚铭的内容。这一过程极为重要。或诗辞，或绝句，或随笔，或长或短，均可成文。砚之厚重，要内容端庄隽永；砚之秀丽，则内容也要秀美。所谓文无定法，没有一定的模式，但内容必须隽永，令人读之荡气回肠。撰好砚铭最好先不要书之砚上，先以宣纸，最好是纸笺，反复修改。

　　砚铭一般述事抒情，可以风花雪月，也可以大江东去，可庄重，可诙谐，可颂，可怨，言志怀古，总之，要与砚合，立意和谐，要内容典雅，文采风流，下笔要做千古之想。

第三节　砚铭的位置经营

　　砚铭的经营位置非常重要，切不可随意为之。一般铭于砚额、砚背、砚侧。砚额属点题，一般字较大，较少，三五七字均可。砚背一般放在中央位置，四边要留气，如有图画则与绘画构图一样，没有一定的模式。砚铭一般右为上左为下，先右而后左，砚侧也是如此。有石美者，如红丝砚的纹理极美，一般要避开，可在少有纹理或没有纹理的地方铭，要将这些极美的纹理当作画作构图一样对待。（图9-3-1）

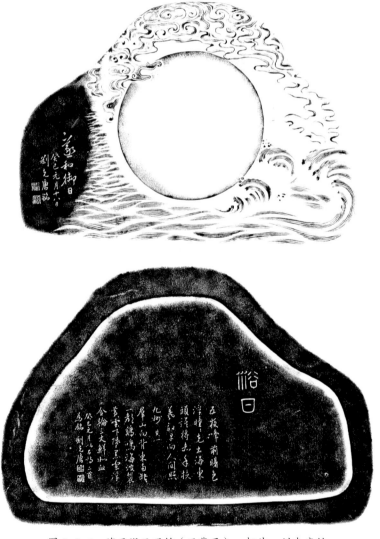

图9-3-1　海天浴日砚铭（正背面）　拓片　刘克唐铭

第四节　砚铭的书写

　　砚铭的书写要视砚的内容而定，真草隶篆，无一不可。砚可一砚一铭，也可一砚多铭，往往有铭，又铭，再铭。可一砚一种字体，也可多种字体。书写砚铭于石，如同在宣纸上书写。可先用铅笔在砚上画出其大概位置，然后书写。切不可用铅笔描或用复写纸复写。铅笔描写，复写纸双钩，往往失去书法的韵味。书写要认真，每个字要搞清楚，不可繁简并用，更不可出错字，以免贻笑大方成千古之恨。（图9-4-1）

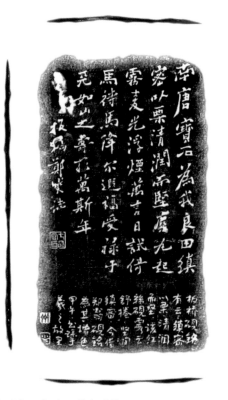

图 9-4-2　笔稼磨耕砚（正背面）　拓片　姜书璞铭

第五节　砚铭的雕刻

砚铭的雕刻多以冲刀为主、切刀为辅。鲁砚的石质较硬，如实在冲刀吃力，可以切刀辅之；切刀也不能完成，可适当考虑用摇刀。摇刀不可多用，用多即有制作之嫌。砚铭冲刀字体小者可单刀，字体略大要用双刀。字的旋转处最好一刀为之，一刀完成不了要用二刀，但接刀处不可留有痕迹。较大字体要用凿刀，以锤冲击。其字体刻在砚上的几种表现形式如下：

一、双刀尖地

二、圆刀圆地

三、双刀平地

四、此假阳地，先以双钩为之，然后以平刀修成

五、单刀尖地

总之，砚铭文字是刻出来的，而不是做出来的。

第六节　砚铭字体之美

中国书法艺术千姿百态，笼统地说有篆、隶、楷、行、草五大类，而每一类当中又分若干小类。我们在铭砚时，谁也离不开它们。有书法功底的铭砚者，信手而为，中规中矩。无书法功底的人即便认真，生编硬造、东拼西凑搞出来的东西，也呆板生硬、毫无生气。

砚铭的字体要根据砚的图案纹饰、内容所决定。带青铜器纹的砚可以金文为主；砚带汉画像石纹饰的，应以汉隶为主；秀丽的山水花鸟，则以行草、楷书为主；端庄之形的砚当以楷书为主。（图9-6-1）

一、凝重遒美

散氏盘为青铜器之重器，故带有其纹饰的砚最好以散氏盘铭文集字而成。这样砚与文统一和谐，其字体遒美凝重，观之如泰山之稳、奇崛古朴，字间呼应，随势而生发，而无一字不稳妥。

二、疏朗流美

山东境内画像石较多，以沂南北寨汉墓汉画像石及济宁的武氏祠汉画像石为代表。武氏祠的画像石整齐庄重，北寨画像石自然飘逸，线条流美，故山东的砚作者多以此两地的汉画像石作为砚的装饰。刻其铭文时，应适当考虑其艺术风格。以武氏祠汉画为饰的砚当选礼器碑、张迁碑一类的隶书。而刻北寨的画像石，应选曹全碑一类字形疏朗、线条流美的字体。

三、风神秀逸

一些造型、雕刻极美的山水、高士、花鸟砚，其铭文就要适当选用晋代"二王"书体，以其小楷《曹娥碑》《玉版十三行》为佳。那小桥流水、春燕杨柳、高士在山谷论道，那种场景，那种琴韵，往往使人心旷神怡，给人以美轮美奂的视觉享受。如果一些粗犷的字体作铭，就使人感到不和谐；如果以清圆秀劲、神采生动、笔画神逸，墨彩飞扬的"二

图9-6-1　淄石　飞天砚拓片　刘克唐作　郑静静拓

王"书体铭,此类砚则是相得益彰,对砚的文化内涵的提升将起到极大的作用。

四、温润端庄

一些砚,造型端庄,雕刻圆润,其铭文则应适当选用一些温润端庄的书体。楷书、篆书、隶书都有一些温润端庄的书体。如顾二娘的砚,她倡导圆活肥腴的制砚理念并实践着,而给她铭砚的黄任的书作无不体现着温润端庄。又如"岭上多白云砚"是刘墉赠给纪昀的一方砚,石呈长方形,砚正面以线刻山水,典雅端庄,纯非俗之所为。因砚背刘墉以其特有的肥润端庄的字体刻铭,纪昀得砚后,专门做了砚盒,请伊秉绶以隶书书丹于盖。伊秉绶的隶书方正庄重、温润雅致,为一砚多铭的代表。且王岫君为当时制砚国手。一方佳砚,三位名人,佳话传于后来者,观之,赏之,赞之,令人叹为观止。

五、清瘦雅脱

此类砚,如不食人间烟火的隐士、高僧、道家,给人以远离红尘的感觉。

康生,我们不去评论他的政治和人品,但其书法和学识还是可为我们所景仰的。他爱砚如痴,曾在 20 世纪 60 年代自掏腰包购买了一方鲁柘天马砚,这些砚后来在他去世前捐给了故宫博物院。他所收藏的一方临朐红丝砚,为 20 世纪 70 年代山东砚人所制。康生得之后在其砚额部,仅刻"青州红丝砚"五字,以篆书而为清瘦雅脱,不失为书法大家风范。该字体,瘦劲有力,典雅脱俗,其砚背纹理极佳,故不忍刻铭。砚随形而动,整体稳重,佳砚佳铭。许多论文、论著都将此砚列为清代的砚台,谬矣。

六、生辣恣纵

高南阜,扬州八怪之一,饱学多才,诗书画印砚皆一时大家。其诗歌分纪实、题画、抒怀、赠答几类,其中尤以纪实类诗歌受人推崇。高南阜一生命运多舛,曾受卢见曾案牵连,被污入狱。虽平反出狱,然其 55 岁时染痹疾,使右手伤残。右手伤残后,改为左手刻铭。其一生爱砚如痴,砚铭高雅,朴实苍劲,生辣恣纵,当时无人可与之比肩者。

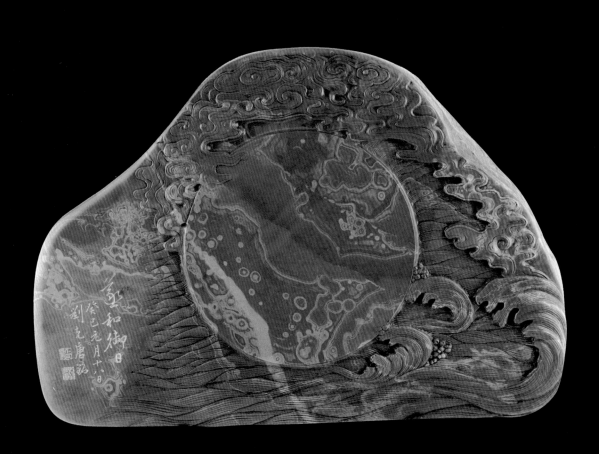

第十章　鲁砚的创作灵魂

　　鲁砚的创作灵魂，说到底是建立在中华 5000 年文化的传承和发展之上的。就砚石本身而言，则是一种文化的载体。当前我国制砚多是以工代艺，向石刻装饰方向发展，导致我们看到的许多砚基本不是砚，这就是我们说的砚非砚、天下无砚的一种趋势。鲁砚从恢复、整合，发展到今天，是遵循石可先生所提出"简朴大方"一种大文化的创作理念。从哲学层面讲，山东制砚基本以儒、释、道为思想基础，讲究规矩方圆，入世为进，与时俱进，温文儒雅，文质彬彬，然后君子的儒家气象；讲究人法地，地法天，天法道，道法自然，无为而无不为，所谓玄而又玄，众妙之门的道家"天人合一"的创作理念；讲究"空"，超越一切，摆脱一切羁绊的心理因素，成就菩提（觉悟之道），以般若（大智慧）成就了鲁砚的思想依托。

　　对于鲁砚的很多创作者来说，以儒家学说的正大气象为主要精神寄托，以道家天人合一为创作理念，以释家的般若为心灵的释放。在新时代的文人砚艺观照下，对永恒的追求与体悟，鲁砚经过历史与时间的沉淀而继承和发展，承载了经久不灭的精神意蕴，将中华 5000 年文化融于自己的创作中去。（图 10-1）

　　因此，一方好的鲁砚总是能给受者交流、对话的感觉。张仃先生评鲁砚仅仅三个字"石能言"。这就是鲁砚的创作"灵魂"。有了这个灵魂，其创作素材——宏观上的天体宇宙、微观上的花鸟鱼虫，统统在这个灵魂的创作指导下进行创作实践。

图 10-1 淄砚（正背面） 高洪刚作

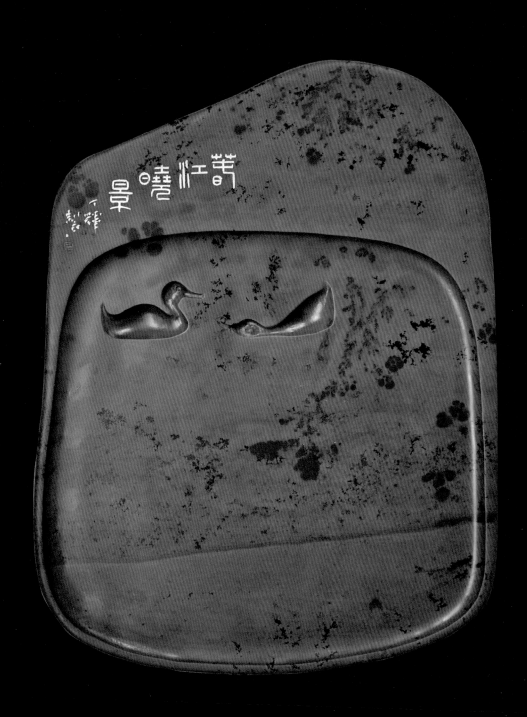

第十一章　高山仰止

鲁砚开宗立派的大家石可

石可，字无可，号未了公，又名石之琦。1924 年生于山东诸城，2006 年逝世于济南。八十多年的人生旅程，政治上的挫折、生活上的磨难、恩师的教诲和先贤的爱护，加之个人的天赋和努力，使他成为一名金石学家、文物鉴定专家、著名学者、教授、高级工艺美术师。他历任青岛市文联副主席，山东工艺美术研究所副所长，山东省美协副主席，山东省书协常务副主席，山东省版画协会主席，第四、五、六届省政协常委，中国孔子基金会理事，山东省文物鉴定组专家等职。著有《鲁砚》《鲁柘澄泥砚》《经学分类法》《国学图书分类法》《论语箴言印》《山东图书分类法》《人民的新时代·石可木刻集》《石可版画选》等十几本专著。

他创作的大型雕塑《孔子事迹图》和孔子雕像。分别矗立于曲阜孔庙大成殿东轴线和山东大学校园，并同时获得中日文化交流中心颁发的 1990 年度金奖、新加坡东方哲学所颁发的金盾奖、中国孔子基金会授予的金杯奖。我无力对这样一位艺术大家作全面、深入的评介，只能由追忆砚石之缘而勾勒他于逆境中研究、开发鲁砚的身影，并期盼砚友与读者能从缅怀之中有所感悟。

先生姓石，且终生爱石。尽管觅石、刻石的路途荆棘丛生，他却筚路蓝缕地艰难跋涉，最终成为了中国艺术界的一代宗师。（图 11-1）

1943 年，19 岁的石可备受颠簸流离之苦，落脚于重庆。几经周折，他获得一个考

图 11-1　石可先生教学

试机会，在国史馆筹委会图书馆谋到了一份图书管理员的工作。不久，天资聪颖、勤奋好学的石可得到了时任国史馆纂修王献唐先生的赏识，成为其得意门生。当时，已加入中国木刻研究会的石可业余酷爱刻制印章，而老师恰是金石大家，正可以石为缘，拜师学艺。从此，在严师的指导下，他勤奋工作，摆脱应酬，刻苦习字、读书，艺术根基日益扎实。

王献唐（1896—1960），山东日照人，我国著名的考古学家、版本目录学家、金石文字学家、书画家，可谓知识广博，学养深厚，著述颇丰，堪称一代宗师。山东省图书馆创建于清宣统元年（1909），是中国十大图书馆之一，集图书、文物于一体，献公是创始人。

抗战初期的 1937 年，为避日寇掠抢，献公将馆藏图书、文物装箱数十箱南下，途经曲阜、武汉、重庆，运到乐山。20 世纪 50 年代初，他又从乐山将这批图书和文物完好无损地运回济南，交给省图书馆。他随即被安排到省文物保管委员会任副主任兼山东省博物馆副馆长。

1960 年，献公因脑瘤手术，身体衰弱，需要营养。但他不顾饥寒交迫，将自己一生收集的 16 箱文物无偿捐献国家，最后饿得遍体浮肿，才 65 岁就过早地逝去，被安葬在济南南郊。

1993 年，在石可、关天祥等弟子的呼吁下，国家将献公墓迁于青岛市大麦岛风景区，倚山面海，与康有为墓地毗邻。如今在青岛文化名人公园里有献公的花岗岩雕像，他与闻一多、老舍、王统照等一样，是青岛十大文化名人之一。

石可说："献公爱砚，每有所获，必效高凤翰自铭亲镌"，后因病腕力不济，奏刀常由石可代劳。久之，石可渐悟何以为砚、何以为铭，并且找到了砚艺传承之脉络、人格塑造之楷模。石可先生在与恩师献公密切相处的六年中，老师要求严格，循循善诱，使石可受益匪浅，打下了从事艺术工作的扎实根底。石可在感佩之中顿然醒悟：自己的爱好不应只是精神寄托，更要有薪火相传的道义担当。

1948 年，已随国史馆迁往南京的石可，眼见当局疯狂搜捕进步人士，作为倾向于共产党的进步青年，自觉待不下去了，便辞职返回山东，经地下党介绍去胶东解放区工作。

此间，青岛解放，胶东文管会派员到青岛，专门负责相关接收工作。石可便奉命参与接收青岛图书馆、中正文化馆和博物馆的筹备处工作。

胶东文管会的主要负责人叫谢明钦。他在 1942 年任中共青岛地下市委书记时，被日军逮捕入狱，受尽折磨，双耳被灌入蜡，近乎失聪，此后无法担任高层党政工作。他事先听别人介绍过石可，说他是王献唐的关门弟子，在图书馆工作六年，精于金石考古。接收大军中正缺少此类人才，留用的旧职人员又不能太信任，因此，谢对石可委以重任。

石可迎来了全国解放，心情舒畅，斗志昂扬，又得到上级信任和重用，便拼命工作。仅三四个月时间，他就将全部图书点收、登记、整理完毕。这一浩繁工程完成得如此迅速、完善，令谢明钦大为赞赏。

1949 年 10 月，接收工作结束后，谢主任又带石可奔赴胶东文管会。文管会的驻地在莱阳城北一个叫沐浴店的村子。收藏的图书、文物甚是丰富。

石可得知这些图书、文物保存下来实属不易。在国民党重点进攻胶东时，中共方面派了一百多头毛驴迁徙转移这些"宝贝"，备受颠沛流离之苦，最后才得以保存下来。图书至少二十多万册，多是线装书；铜器、瓷器、陶器、珠宝玉器上万件之多，都散乱堆积在仓库中，其中很多属国家一级文物。石可兴奋不已。这下有工作可做了，有用武之地了。

　　胶东文管会不仅收藏丰富，而且人才济济。然而学者们一看这乱作一团的瑰宝便傻了眼，不知该从何处下手整理。石可却胸有成竹。他先整理出类书，按经、史、子、集分成四大类，然后按《山东图书分类法》分类编目，仅用两个多月就全部整理完毕。

　　二十多万字的《山东图书分类法》是石可所著。彼时，国内另有"沈阳法"，据识者称，"山东法"更胜一筹。随着"山东法"在全国推用，"沈阳法"就此废止了。自此至1956年，石可先生的国学功底日趋深厚，在版画、篆刻等方面的艺术造诣日臻精湛，其名已广为人知。

　　繁重的接收工作刚结束，魂牵梦萦的还是与石相关之事。石可六岁在诸城府前小学读书时，教育科那个院落的长廊尽头矗立一块石碑，碑体上面还有一个大玻璃罩。好奇的石可从父亲口中得知，那是"琅琊刻石"。

　　而此时的石可向领导请示回家乡寻刻石，却不是出于好奇，而是挚爱，更是责任。秦始皇东巡，每到一处，都刻石记载其丰功伟绩，其文字均出自李斯之手笔。秦始皇七次东巡，五次到过山东，分别去过琅琊、峄山、芝罘、泰山和诸城。石可回诸城寻觅刻石，虽多方查找，但均不知下落。原来，日本人占领时曾找过琅琊刻石，当地有心人便砌在墙里，外面涂以石灰，但已破碎成13块。

　　泰山岱庙里的刻石，原本200多个字，经岁月腐蚀剥落，只剩下7个半字。琅琊刻石共存86个字，把13块碎石拼合起来，86个字一个字不缺！据《辞源》称：琅琊刻石于光绪二十四年沉入海底，不知所终。然而，它确实被石可找到了。后来，谷牧副总理听说此事，称赞石可说："老石，我还不知道你做了这么一件大事，你立了大功啦！"

　　1950年，筹备成立青岛市文联。时任青岛市委宣传部部长的李云生是从胶东行署宣传部调来的。他指名将石可调至青岛，参加市文联筹备工作。三十多岁的石可由市文联研究部部长任驻会常务副主席，主持全面工作。

　　中华人民共和国成立初期，石可是青岛市文艺界唯一的一名省劳模、省人大代表。大约1952年初秋时分，华东美术家协会成立，山东省派两人去上海参加成立大会，一位是山东省文联艺术部部长兼山东美术创作室主任任迁乔（彼时，山东美协尚未成立，创作室即是其前身），另一位便是石可。任迁乔是 1937 年参加革命的老共产党员，著名画家，尤以漫画著称。石可则以版画见长。他俩与著名的水彩画家、年轻的教授吕品，曾被称为山东画坛的"三座大山"。

1957 年，全国宣传工作会议之后，石可发现了一种彩石煞是美观，极具观赏价值。后来对这一青岛海底绿石进行开发，也是从他开始的。

1959 年，体重锐减 30 多斤、年仅 35 岁却要借助拐棍才能行走的石可，被安排到青岛工艺美术学校任教。不久，因"三年自然灾害"造成饥荒，学校被迫解散，老父也病饿而亡。石可在携子讨饭几个月后，又成为民办公助的青岛美术学校教务主任。此时他才知道恩师王献唐已于 1960 年辞世。这些迟来的消息令石可的内心无比悲痛。他深知，唯有珍惜这来之不易的工作机会，全身心地投入美术教育和艺术创作之中，才是最好的告慰和报答。特别是 1965 年调至青岛工艺美术研究所后，他相继对红丝石、淄石、尼山石、砣矶石等作过多次调查研究，并略有采制。

1974 年，他向上级请求，让他在山东境内搜集石料。石可的请求被批准了。一路跋山涉水、披荆斩棘、风餐露宿，四位伙伴在踏上第五个县之后相继退却。觅石心切的石可一路前行，得到了许多人的热情帮助，也遭到了一些人的冷漠抵触，然每有所获，必手提肩扛，欣喜若狂。

也就在这年冬天，伴随着考察途中的一场大雪，一个叫"鲁砚"的名词诞生了……当时，石可在临沂工艺美术研究所姜书璞先生的陪同下考察了临沂的几处石坑，飘落的雪花便"催促"他住进了莒南县政府招待所。大雪下了一夜，积雪深达 60 厘米。在滞留的两天里，他们坐床拥被，谈论着砚台的历史、现状和未来。石可说："山东砚材如此之多，若按各自特点搞出样品，再制作一些汇集展出，那该多好！这需要申报批准，也需要统一命名。该有个怎样的称呼呢？"正当大雪初霁，石可脱口而出："鲁砚！"

怀揣着这个梦想，他先后到省内 71 个县进行考察，足迹遍布无以计数的荒野山丘，最后收集到 120 余种可供雕刻及观赏的石料，又千辛万苦地运回青岛市工艺美术研究所。这满满的两排车石料，经化验分析，确定了各种化学成分、硬度、密度及雕刻价值，并逐一磨制标本、入橱陈列，真是太珍贵了。

后来，为了追念两车石料的"夭亡"，石可阿Q一般给自己刻了一枚印章，自称"二车石主"。

石可没有顾得片刻喘息，他要将逝去的时光抢回来。他又到各县寻回了20多种可制砚的石料，开始研制起鲁砚来了。

石可的名字取自放翁"花如解语还多事，石不能言最可人"之诗句，寓意深邃。他的情感和生命也已融入灵石之中。凭着对石砚的痴迷，他从汉瓦砚到唐宋古砚，都悉心揣摩，对乡贤高南阜的制砚技艺，更有深刻领悟。因之，先生制作的鲁砚，均因石制宜，纯朴遒劲，风格独具。他撰写的《鲁砚初探》《鲁砚》等著作，陈述鲁砚之历史兴衰，品评鲁砚之艺术特色，提出了鲁砚制作应因材施艺、简朴大方、遒劲豪放、巧借天工的艺术主张，并融入书法篆刻等艺术元素，使砚作达到古朴、简约的高雅意境。时至今日，这种理念仍为鲁砚制作者普遍遵循。

毫不夸张地说，石可不但是鲁砚部分品种重现于世的再生之父，也是鲁砚这一历史文化遗产的拓荒者和领军人物。譬如在唐宋时被誉为"位列首焉"又曾沉寂百年的红丝砚，就是石可于1965年据《青州府志》《临朐县志》之记载，多次赴两地考察而发现的。他当时仅在古砚谱、砚书中见诸记述，未睹实物，先两次到青州黑山考察，均无所获，后来临朐老崖崮寻得矿苗，遂与村民一起上山挖掘，运回青岛进行研制。数年后，他又来到临朐县工艺品厂课徒授艺，人们始见红丝砚之华贵真容。

说到红丝砚，既绕不开石可，也绕不开高启云。高公是山东临朐人，对产自故里的红丝石，无疑充溢着浓郁的桑梓深情。提及高启云，石可总有一种刻骨镂心的怀念。某日，他携带研制的50方精美砚台，乘车赶到济南，决意找高层领导作些"探讨"。他蓦然想起有人说过，省革委副主任高启云是个文化人，擅长书法。自古文人爱砚，也能识砚，不知此公如何？顾不得多想，石可径自走进了省革委会大院。高启云的秘书为这些砚台的巧夺天工而惊叹，也为石可的执着追求而感动，便透露了正在北京开会的高主任住在前门饭店。

当晚，石可又坐火车赶到北京。大会工作人员经请示，让石可将《鲁砚初探》手稿留下，待高主任闲暇时审阅，并安排他入住计委招待所。石可忐忑不安地等待回音。只隔了一天，房间电话响了："我是高启云……我专门向大会请了假，马上派车去接你。"

见到高公的石可万分激动。高启云将砚台观赏一番，发出"真不错！"的赞叹之后，又一语中的："风格嘛，删繁就简，领异标新。宗高凤翰，对吧？"石可说："对！"他觉得更对的是遇到了懂行的领导者。"书稿我也看完了，最好作些修改、补充，然后出版……一定要把鲁砚搞下去。你先回济南等我吧！"

石可曾说："高启云不仅改变了我个人的命运，更开启了鲁砚的开发之路。"

回到济南，石可在轻工研究所找了个简陋的住处，立即对《鲁砚初探》作修改、补充。一周之后，高公一回济南便打来电话，要石可先拿些修改过的手稿给他看一看。脸已瘦了一圈的石可，呈上的却是一本修改、补充后重新誊清的八万多字的书稿！高公在惊讶之余，亲切地勉励他：要搞出点成绩，看来没有花岗岩的精神不行啊！并决定将书稿交付省革委会印刷所印制。不久，《鲁砚初探》被印刷出来。虽然没有作者署名，但在当时的社会背景下，"鲁砚"之名及其风格定位的面世已令石可倍感欣慰。

高启云还嘱咐说：可以搞几百方砚台，坚持你的风格，闯出一条自己的路来。石可兴高采烈返回青岛后，在满屋飞扬的粉尘中，在原始工具刺耳的噪音中，如痴如醉了……

作为省工作组青岛工作团团长的高启云恰巧到青岛检查指导工作，他向当地负责人提出要看看石可，还说："让他带上砚台和那本书进京，谷牧副总理也想看一看。"后荣任山东省委书记的高启云，爱惜石可之才，待其亲如家人。高公的情义，用石可的话说："天高水长、恩重如山。"在此举例为凭：

高书记退休后的某日，石可前往拜访，见其客厅放着一块自然形大红丝石，已当作水石盆景了。石可感到有点不伦不类，甚为惋惜，便说："我给你改成一方巨砚好了，再刻个砚铭。"高公一听乐了："就等你这句话了。"

不久，石可借出差之机，将巨石带到莱芜，请砚雕工艺人员按他的设计加工。砚很快就雕成了，但久无便车捎回。1988年9月，噩耗突然传来：高启云同志病故了。石可惊呆了，不禁泪如雨下。他连夜赶回济南，直奔高府，跪在遗像前恸哭失声。告别仪式已于前一日举行，消息来得何其迟也，他竟没有赶上见老友最后一面。

在四米多的白布上，石可饱含哀思、挥泪书写的藏头挽联，令到场者为之震撼，纷纷发出了莫轻文人的慨叹：启后承前，学养深，精书画，工诗文，一代伯乐，春风化雨泽艺坛，音容坦荡，回首前尘悲若梦；云涌雷鸣，驱国贼，御强寇，展宏图，百战英豪，余热未尽颓梁木，风姿磊落，伤心何处望归魂。事有凑巧，高启云同志追悼会拟在下午3点举行；而就在中午，莱芜寿石斋的张期轩先生有事赴济，顺便把石砚送到石可家中。此刻，石可睹砚思友，倍觉歉疚：石头何以如此无情？早来数日，让主人见上一面该多好！然而石头又似解人意，不早不晚赶来晤别主人了！石可抚摸着颇有灵性的石头，忽然联想起"季扎挂剑"的典故来。今高公已故，自己应守信于亡人。当晚，石可镌刻三百多字之长砚铭于砚额。情凄词切，排山倒海，一字字如泪珠飞溅于刀笔之下。

生者为过客，死者为归人。天地相隔，灵砚牵情。这块巨砚，一直放在高公生前卧室案上遗像之前。他若地下有知，定会赏识并谅解。

1976年底，时任省二轻局（后为二轻厅）局长的孙长林获悉石可有振兴"鲁砚"的构想，立即意识到这项工程意义非凡，便努力争取到省里立项及专项经费，在统筹安排相关县（市）恢复或设立砚台加工点的同时，任用石可为巡查辅导组组长，率队往返于全省十多个制砚县（市），检查制作进度和质量，发现和培养技术骨干。至此年秋，各加工点共制砚千余方，鲁砚的基本风貌得以呈现，赴京展览的各项筹备工作也相继展开。在挑选展品并集中在济南做进一步修改加工的过程中，石可带领并指导各地技术骨干加班加点、精益求精，使最终选定的560方参展砚品既各具特色，又能集中体现鲁砚的总体艺术风格。

1978年6月初，已被调到山东工艺美术研究所工作的石可率布展人员到达北京团城。作为总指挥，展品陈列的总体布局和具体细节，他都严格把控，力求完美。在7月底进行的预展中，时任国务院副总理谷牧、国家轻工业部部长梁灵光及其他部委的领导人、在京文化艺术界名流相继而至，赞叹之声不绝于耳。石可作为陪同介绍的首要人员，一刻不停地向观展者讲解各种砚的历史渊源、石质特点和制作风格，娓娓道来，如数家珍。（图11-2）

展览轰动京城，反响热烈。展期原定一周，孰料人们蜂拥而至，只得延至两个月。参展观众达20多万人次，创展事记录。中央大部分领导人去了，在京的艺术界、学术界名流几乎全到了。启功先生五次光临，刘海粟、黄永玉、刘开渠、华君武、尹瘦石、吴作人夫妇、黄胄、蒋兆和、赵朴初、李一氓、沈从文、李苦禅等艺术大师均到场参观，纷纷赞叹，并以诗、书、画作表示祝贺，赞评作品达五百余件。

全国政协副主席、中国佛教协会会长赵朴初先生为红丝砚题赞两首。

其一为五言诗十句：

昔者柳公权，论砚推青州。

青州红丝砚，奇异盖其尤。

云水行赤天，墨海翻洪流。

临观动豪兴，挥笔势难收。

品评宜第一，吾服唐与欧。

其二为《调寄临江仙》一首：

彩笔昔曾歌鲁砚，良材异彩多姿，眼明今更过红丝。护毫欣玉润，发墨喜油滋。道是天成天避席，还推巧手精思。天人合应妙难知。刀裁云破处，神往月圆时。

学识渊博的赵朴初可以说是鲁砚的伯乐。他在反复玩赏了石可的作品之后，赋七言长诗以表赞叹：

吾友近自青岛归，为余屡道鲁砚好。

今朝为致一方来，到眼渊渊情未了……

我愧手拙不善书，砚不负我我负渠。

磨墨磨人君莫问，吟毫时赖一相濡。

启功先生爱砚，他用的砚和印章多系石可奏刀。砚展时值夏季，酷热难当，细心的启功先生发现石可大汗淋淋却没有扇子。一天，他又去了，带去了一把扇子给石可。石

图 11-2 石可先生表演制作

可展开一看，扇面上还画了一幅墨竹，并题了款。

启功还在多方鲁砚上亲笔题写砚铭，其中两首收入《启功絮语》一书中，兹抄录如下：

石可兄琢砚铭二首：

砚如瓦，最宜墨，寿无极。石可琢，启功识。

石号红丝，唐人所贵。一池墨雨天花坠。

1979 年，患有脑血管痉挛的石可参加全国"文代会"时，魏龙骧大夫给他弄来天麻，并说需多备一些，以防日后复发。启功得悉，从家里拿来仅有的四五块，气喘吁吁地爬上四楼送给石可。石可知道启功患有美尼尔氏症，也需此药，故拒不接受。启功说："我不信中医。"后与魏医生说及此事，魏哈哈大笑："他不信中医，能认识我吗？"石可这才知道"上当受骗"，感激之情溢于言表。

魏龙骧是一代名医，还是毛泽东、邓小平等伟人的保健医生。石可参会期间，他亲手熬好中药，派人一天两次送药于会上，足见对石可之器重和爱惜，堪称佳话。

端木蕻良先生蜚声文坛，与石可交谊甚厚。"石癖""石癫"与两车石料的故事深深触动了他，痛惜之情既缘于石料，更缘于石可之人生命运，故多次赋诗慰之……（图11-3）

石可兄：……忙中得句，书幅寄上，以为纪念。纸短情长，余不一一。

采石拳拳认此生，玉田沧海最关情。

红丝挑尽磨脂砚，白雪溶来塑曹卿。

米芾双车须赴水，匹夫尺璧便殉荆。

心头忽作回天热，留取灵犀一脉诚。

另一首，足见诗人情因砚生，辞以情发：

石可能言信有之，荷花生日扣门时。

三生翔鹤前缘定，十载哀鸿雪涕澌。

破茧冰蚕丝不冷，出飞黄鹂翅成诗。

米颠放眼能容物，云上山头月上枝。

还有一首《赠石可》，更见对石可之肯定：

铁笔金刀惊世尘，心泣千石石化身。

尼山事迹传六艺，论语箴言一字仁。

磨砚手缚红丝理，澄泥亲烧柴炭匀。

摩挲秦当与汉瓦，古往今来石可神。

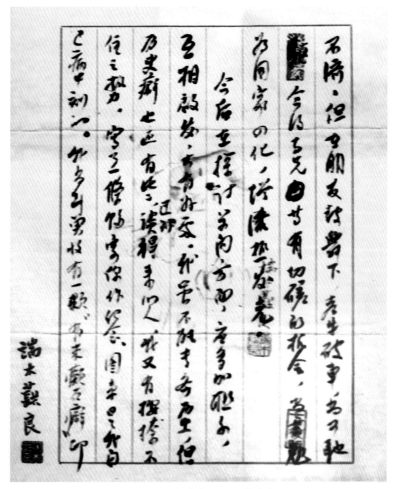

图 11-3　端木蕻良与石可先生书信

　　艺术大师刘海粟与石可相识于 20 世纪 50 年代，他时任华东美术协会常务理事，石可为理事。已年逾八旬的刘海粟在夫人、女儿陪同下，也莅临展会，无一遗漏地审视鉴赏，时而凝目，时而低声赞叹。刘海粟来到休息室，见有笔墨，便挥毫而书："美在斯。"夫人以为写完该回去了，正欲扶他，他却意犹未尽："你也写几个字吧！"画家夏伊乔思之少顷，提笔写道："斯为美。"夫人放下笔，以为这下该走了。刘老又对他们的女儿说："你也写一写。""我写什么呢？"20 岁左右的女孩问其父。刘老授意说："你就写'有学问'！"工整秀丽的大字从纤指下涌出。一门书法家！

次日，著名书画家黄永玉来到展览会，并受刘海粟先生之托，将刘老在家中书就的一幅中堂赠予石可。

石敢当。书赠石可贤弟，刘海粟年方八三。

刘海粟先生还为石可所著《鲁砚》一书题赞云：

严骨静质，奇形正体。
得道心安，其寿莫纪。

黄永玉也为石可题写了两幅大字，其中一幅是："鲁高手。"并有长长的落款：

石可老弟于戊午年夏，带500石来北京时偕行者也。余见石可如见五百石，见五百石亦如见石可。然心血沥沥石上者，岂仅500石耶？亦仅区区一士人石可耶？鲁有泰山而遍国中，方有"石敢当"，世上因缘由来5000年也。

李苦禅题鲁砚："恨南阜未见"，并另有诗书相赠石可先生。
其一：

花虽解语还多事，石不能言最可人。
石可老弟嘱画并题其句。戊午年秋月石可弟来首都举行砚展，余客青岛乍归，相晤甚快，八十一叟苦禅。

其二：

莫道神州无大匠，万年顽石变朵云。

石可弟治砚天才，书此颂之，苦禅。

金石学家马国权题赠：

寓精巧于天成，蕴匠心于简朴。藏巧于拙，意趣无穷。

张伯驹是一代收藏大家，与石可交往多年。张公在80岁和82岁时两次挥毫，以藏头七言联句赠石可。
其一：

无能自了成千百，可与人言只二三。

其二：

石必敢当身外魅，可无能识眼中人。

著名画家吴作人得知石可属牛，特地作《奔牛图》，并题"奋进"二字。他对石可说："你就是奋进的奔牛。"
诸位大家的赞誉，可谓对石可为人为艺之定评。
鲁砚晋京展品味之高、反响之大，"鲁砚"之名随之叫响，也使石可当之无愧地成为振兴鲁砚的领军人物。
鉴于展览获巨大成功，同年10月、11月又在济南、青岛展出，并在青岛召开"鲁砚恢复试制工作座谈会"。会议由孙长林主持，石可作主题性发言。此次会议进一步强调了鲁砚的总体艺术风格，申明了鲁砚开发的行政措施及应遵循的艺术规律。自此，齐鲁砚种由前些年应外贸急需而被动生产转入为弘扬鲁砚而积极探索，沉寂了近千年的齐鲁砚艺真正步入复兴之路。

1980年，石可所制鲁砚在日本东京、大阪展出，引起轰动。展品均被高价抢购，换得外汇悉数归公。

1986年，石可的木版雕刻壁画、仿古陶器、创新陶器和鲁砚共计480件，应邀去中国香港展出，后来又赴新加坡、美国展览，广受好评。

全国政协副主席赵朴初专门为在中国香港的展出题写了会标，并赋诗相赠。

此次展览，有隆重的开幕式，有座无虚席的座谈会。石可从容自如地回答中外记者及现场观众提问，令问者钦佩。电视台三次现场直播，14家报纸、5家刊物共发稿40余篇，予以报道和高度评价，创香港历年展事之空前盛况。然而谁又能相信，石可赴香港时，囊中羞涩到付不起路费，是向别人借了200元钱才得以乘上火车，因而错过了隆重的开幕式。展品所得外汇，仍是悉数归公。

寒士可怜，忠心可敬。

石可砚印，名扬四海。邓小平、彭真、胡耀邦、叶剑英、陈云、谷牧等政要，赵朴初、启功、吴作人、刘海粟、李苦禅、尹瘦石、端木蕻良等文化名人，均有使用和收藏。

1989年9月，中国第一届孔子文化节在曲阜圣域贤关隆重举行，到会的有中央及省级领导人、国际儒学会不同国籍的专家学者。作为首要献礼项目的第一作者，石可陪同他们参观《孔子事迹图》。在这面高2.76米、长60米，用1860块石头雕琢的煌煌巨制之前，人们驻足赞叹：这是中国版画史上的传世之作。谷牧副总理则郑重地说道："这是一件不朽的作品！"人群响起了热烈的掌声。

这是已离休几年但从未退休一天、时年66岁的石可用四年心血换来的掌声。从设计到绘图，石可多次向国务院有关领导请示汇报，几易其稿。其中的艰辛，只有身患疾病的石可自己知道。

1979年，石可参加全国"文代会"，而作为鲁砚宗师，对振兴鲁砚尤为执着和关注。从离休至迟暮之年，他更是将主要精力倾注于砚艺传承。

2006年7月，石可先生走完了83年的忧乐之旅。天赐石缘而孜孜以求，泥污水浸而玉质弥彰，终生坚守而浓情未了。石可的一生是一段曲折动人的故事，是一曲凄婉悲怆的乐章。今天的人们只言他是鲁砚的领军人物，岂知他是博学多才、广技多能、杂而又专的文化大家！

每每忆起石可老师，怅然若失之情油然而生。

石老师，您是一本厚重的书，而我们仅仅打开了扉页……

（闫金鹏）

第十二章　鲁砚名家

　　自 20 世纪 60 年代以来，鲁砚领域先后崛起了众多制砚名家。如果说石可先生是鲁砚中巍巍的山峰，令人高山仰止，而这些崛起的名家，则是拥立这山峰的群山。这些名家中大多是石先生的弟子、学生或受其影响的制砚名家。他们以制砚为乐，刀耕不辍，是鲁砚发展的中坚力量，并分别培养了大批弟子、学生，起到承前启后的作用，为弘扬鲁砚做出贡献。

　　现分述如下。

姜书璞

　　姜书璞，1942 年生于山东烟台。现为中国文房四宝协会高级顾问、砚评审委员会评委，高级工艺美术师，山东省临沂市群众艺术馆馆员。1962 年毕业于山东艺术专科学校，早年从事美术创作，作品多次参加国展并被国家收藏。20 世纪 70 年代初，开始鲁砚开发和创作，潜心研究中国传统制砚艺术，以天人观为指导，提出"天人合一，物我相忘"的艺术思想，挖掘开发了徐公砚，利用其天然肌理和纹彩，赋予其文化内涵，成功创作出自成风格的"天成砚"。作品在全国展评中数次获奖，受到国内外书画界和文艺界的赞同。多年在全国和山东各地进行砚材调查研究，组织指导鲁砚的创作，逐步形成了鲁砚朴拙浑厚、质地自然的文人砚风格。20 世纪 70 年代，参与策划组织在北京团城举办鲁砚展，此展随后在日本、新加坡等国家和中国香港进行了巡回展出。曾先后在北京、台湾等地举办个人作品展，发表专题论文二十余篇。2002 年文化艺术出版社出版《姜书璞治砚艺术》。中央电视台、山东省级临沂市电视台先后采访制作电视专题片。书法家张海、邹德忠等在专业刊物上撰文介绍姜书璞天成砚。（图 12-1）

天人合一徐公砚——姜书璞先生治砚艺术赏析（节选）

姜书璞先生于 20 世纪 60 年代初毕业于山东艺术学院，老院长于希宁是他的老师。20 世纪 70 年代初，在全国整复历史文化遗产活动中，姜先生积极参与鲁砚的发掘和研究。特别是在《临沂县志》中查到徐公砚仅有的一点记载后，他无数次跑到砚材产地考察调研，在随后的三十余年里，与徐公砚结下了不解之缘。先生"审其形，辨其色、察其质、立其意、成其式"，利用其千变万化的自然形态和四周风化如齿的石乳，依形、色、纹形成的意象立意，用诗书画印点题，创作出天工人工为一体、风格特立的天成砚。其砚"纳天之形摄魂其中"，达到"天人合一，物我相忘"的文人砚至高境界。徐公石在特殊地质结构中长期受风化和地下水的溶蚀，形成边生锯齿细牙状和纵横皱纹状的各种自然扁平面饼状岩块，一石一砚，绝一无二，是其他砚种所不具备的。先生用其敏锐的艺术眼光、深厚的文化底蕴，巧

图 12-1　姜书璞

用石材之形和石纹之美，运用中国画的写意创作理念，以艺入砚，追求大巧若拙、天璞不雕，假"天工之手为我用"。一块三角形不易凿砚的石材，在先生刀下被赋予了生命，

此乃化腐朽为神奇一例。以意象取名"佛砚"，砚材表面风化斑驳，岩岫层起，如山崖陡壁，以大肚弥勒轮廓开凿砚堂，挖半月形砚池寓意佛首，堂内用圈池突出弥勒大肚，造型圆润饱满。尤为奇妙的是在跌宕起伏的砚堂四周生出数个石瘤，恰似一尊尊小佛镶嵌在大佛四周，观之如摩崖石窟。仅通过造型就简约传神地传达出佛教四大皆空的思想意境，方寸间寓大千世界。

巧用徐公石彩纹是姜先生治砚艺术的独到之处。徐公石长期受地下水浸渍，不但润泽如玉，发墨护毫，而且纹彩丰富，变幻无穷，为先生治砚提供了无限的创作空间。"神龙砚"是在一卵石的磨制中，砚堂显现出一只神似胎龙的彩纹：头部微昂为黄色，双目迷蒙，身为蓝色，肚鼓胀，头大尾短嘴巴长，活脱脱一只孕育中的胎龙急待出壳。尤精绝者，砚背又磨出一只成龙，灰色石彩如雾迷蒙，一只长须瞠目犄角的龙头时隐时现，巨龙腾云驾雾见首不见尾，更增加了其神秘色彩。砚体为圆形，石皮斑驳圆润，又似一颗恐龙蛋化石，令人叹为观止，回味无穷。

砚铭是砚文化的载体，文人雅士自宋参与治砚，通过镌刻砚铭，题诗记事，赋予了砚更广泛更深奥的内涵。姜先生铭添砚风采，砚增铭玄妙，使天人合一的创作理念得到淋漓尽致的发挥。他刻制的"岳砚"，砚铭为"泰山岳中之孔子，孔子圣中之泰山"。虽为泰山极顶文庙后摩崖刻石句，在此借用恰与之暗合，孔子泰山融为一体，天人合一，砚铭有画龙点睛之妙。"石砚"是一千层板沉积上生三块砚石，如横、撇、口组成隶字"石"，故题"石砚"。先生戏以字谜砚铭，童趣横生又不失大雅："一石生来本自然，横斜撇短口内圆，石侧傍一小墨床，见到石侧正是砚。"

姜先生在治砚创作中用典颇多，不但丰富了砚的文化内涵，提升了艺术品位，同时也显示出先生学富五车的深厚学养。如姜先生在葫芦形子石砚上镌："箪食瓢饮，磨砺成材。"典出《论语雍也》："一箪食，一瓢饮，在陋巷，人不堪其忧，回也不改其乐。贤哉，回也。"（图12-2）

姜先生治砚创作中，印章用得巧妙，或构图所需，或情志所为，亦有点题之妙用。"锦囊砚"中所镌阳文"秘"字印即为一例。徐公石无奇不有，是砚石顶有崮，一白色石英线横穿通体，突出了崮的形态，崮下石形如囊，石英线下的砚石束腰且出现褶皱数

图 12-2　姜书璞甲骨文书法

条，恰如一绳将锦袋封扎，令人拍案叫绝。依石形开砚池代表锦袋内括，砚的创作取材《三国演义》孔明设锦囊妙计三破周瑜之典。古时飞骑传信，常用泥印加封以防泄密，砚的右下角空白处镌一封泥印"秘"字，既点明主题，又使造型略有左倾的砚材取得平衡，无愧大家手笔。"天璞不雕"是先生砚中常镌之印，取法汉铸印，浑朴雄稳，气韵酣畅，颇具金石味。天璞为天然美石，又与先生名中璞字相契合，同时表达了先生自始至终渴求的砚自天成的至高境界。标志性心形"姜"字落款章，是先生每砚必钤的，用刀爽利，圆融流畅，气势贯通，灵动而稚拙，看似随意却暗藏玄机，具防伪之功能。（图12-3）

姜书璞所作"笔稼磨耕砚"是砚紫底黄丝，丝如流云舒卷，砚面纯净无暇，砚首作者作青铜双凤纹。作者砚铭曰："红丝舒卷霞飞云流行赤天，砚田方园笔稼墨耕自延年。"铭文镌永。（图12-4）

姜书璞先生以中国传统的天人观指导创作，发掘和创立了天人合一的徐公砚，独树一帜，自成一家，开创了治砚艺术的一代新风，成为鲁砚立本和发展的基石。

天璞砚

作者借用其自然石皮，寓为"天璞"。天璞者，自然天成也，较右刻圆形墨池，左刻"天璞"二字，在楷隶之间，刷丝纹若"风起云涌"。砚背刻魏启后铭：亦柔亦坚，亦方亦圆，亦璞亦妍，亦人亦天。

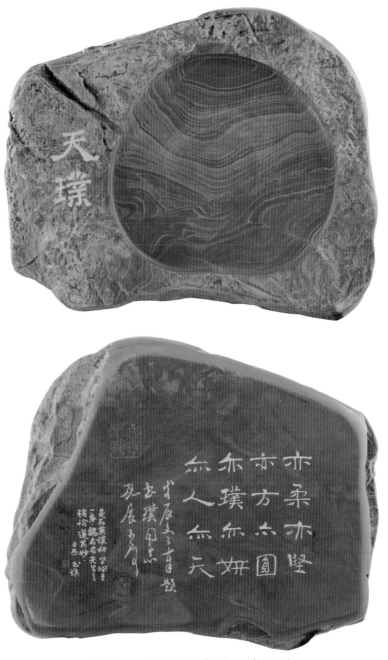

图 12-3　天璞砚（正背面）　姜书璞作

图 12-4　笔稼磨耕砚　姜书璞作

叶莲品

图 12-5　叶莲品

叶莲品，字天石，1940 年生，山东日照人。1962 年毕业于山东艺术学院，曾任临沂汉墓竹简博物馆副馆长、研究馆员，1995 年因病去世。长期从事绘画和文物工作，还潜心于砚学和制砚艺术。叶氏游艺于先贤之土，集诗书画印为一炉，刻石制砚三十寒暑。先生作品，法宗庄子，格悟南阜，藏魂魄于天然，纳灵秀于鬼工。以"古朴雅怪"自成流派，被命名为"叶砚"，著称于世，在海内外享有盛誉。一部由启功先生任艺术顾问、北京科教电影制片厂摄制的电影"叶莲品燕子石雕"及中央新闻电影制片厂摄制的"叶莲品的石刻制砚艺术"早在 20 世纪 80 年代就在国内外映出。1988 年在中国美术馆展出并引起轰动，多次参加中日文化交流活动，事迹被数十家海内外重要报刊发表。作品为中国美术馆、德国柏林艺术馆收藏，受到前日本内阁总理等国际友人和书画界人士高度评价。（图 12-5、图 12-6）

图 12-6　徐公石　天趣砚　叶莲品作

高星阳

图 12-7　高星阳

高星阳，号点石斋主人，山东省工艺美术大师。自幼痴迷工艺美术，1972 年在临朐县工艺品厂从事石雕及制砚创作。1976 年拜著名版画家、鲁砚创始人石可先生为师，受教达二十余年。在石可老师的帮助下，高星阳于 1987 年创办了红丝石研究所，开始了其痴恋一生的制砚生涯。（图 12-7）

为弘扬鲁砚，尤其是红丝砚文化的研究、传承与发展，高星阳几十年如一日辛勤耕耘在那一方方砚田上，而其成果也深受国内专家、学者的好评，可以说为鲁砚文化做出了突出贡献。值得一提的是，高星阳于 20 世纪八九十年代曾携作品赴美国、新加坡、日本等国家和中国香港等地参加鲁砚专题展，为鲁砚国际化交流、弘扬中华民族的优秀传统文化不懈余力，成为鲁砚代表人物之一。《人民日报》（海外版）曾以《"石痴"高星阳》为题作专文介绍了他的事迹。（图 12-8）

图 12-8　龟石　灵芝砚（正背面）　高星阳作

高洪刚

图 12-9　高洪刚

高洪刚，号石公，制砚数十年，习书作画，擅长花卉、人物，偶画山水得江山之助。所制砚，得天趣，为士大夫之钟情，而不为雕虫之技也。（图12-9）

石公，现为中国雕刻委员会委员、中国工艺美术协会会员、高级工艺美术师、中国玻璃艺术大师。因为石公书画秉承白石、缶老、四僧，所以作品的气息从不以媚俗立世，不艳不妖，都力求清气荒寒，不期然而然。

制砚作品所获荣誉：2011 年 9 月，石涵砚在鲁砚创新艺术展上荣获特等奖。2011 年 10 月，石涵砚获得 2011 "天工艺苑·百花杯" 中国工艺美术精品奖金奖。2012 年 4 月，淄石礼器砚在中国潍坊第五届文化艺术展示交易会评比中，荣获金奖。2012 年 5 月，兰亭砚、竹节砚和如山如阜砚在中华砚文化发展联合会组织举办的出国（境）展览精品砚台评选中，分别荣获精品奖和两个优秀奖。2012年5月18日，鲁砚十六乐章在2012中国（深圳）国际文化产业博览交易会上获得"中国工艺美术文化创意奖"金奖。2012年6月，石雕金银台砚在2012中国青岛工艺美术博览会上获得2012年"金凤凰·青岛赛区"创新产品设计大奖赛金奖。2012年11月，仿古砚组（3块）在第14届中国（国家级）工艺美术大师精品博览会中，荣获中国工艺美术金奖。2014年4月，所制作的"仿古蝉型"淄石砚被山东博物馆收藏。（图12-10至图12-14）

图12-10　兰亭砚　高洪刚作

图 12-11 高洪刚瓷画 高洪刚作

图 12-12 人如菊诗淡如菊 高洪刚作

图 12-13　东坡居士得砚图　高洪刚作

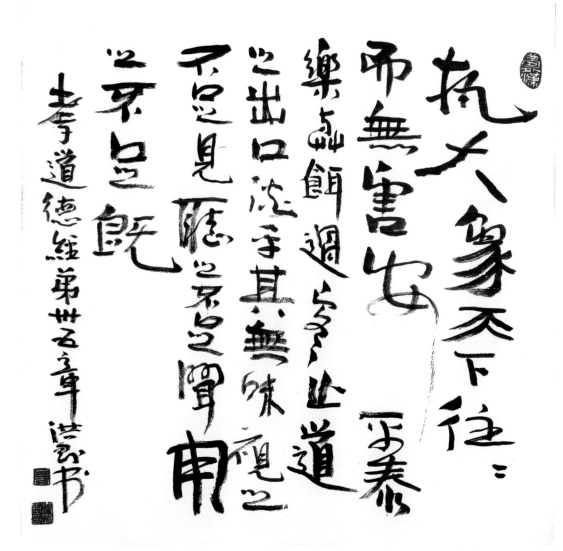

图 12-14　老子道德经第三十五章　高洪刚作

刘希斌

图 12-15　刘希斌

刘希斌，1956 年生。高级工艺美术师、中华传统工艺大师、山东省工艺美术大师。1978 年，师从石可先生，对红丝砚进行了全面的挖掘研究和系统的创新开发工作。现为中国工艺美术协会高级会员，中国书画家协会产业委员会顾问、评委，中国质检总局国家地理标志产品评委，中国国际工艺美术师协会理事，山东省工艺美术学会理事，山东省工艺美术学会制砚石刻专业委员会副主任，山东省工艺美术协会砚雕专业委员会顾问，美国书画艺术研究院潍坊创作基地副总监，中华传统工艺优秀传承单位，潍坊市民间文化杰出传承人。（图 12-15 至图 12-18）

　　制砚作品多次荣获国家级奖项并有多方红丝石砚入选国家工艺美术展。作品曾获第 11 届中国工艺美术大师博览会金奖、第 15 届中国文房四宝协会金奖、第 5 届中国工艺美术百花奖银奖、第 12 届中国艺术博览会金奖、第五届中国工艺美术大师作品展银奖。

2015 年，中央电视台十频道《手艺》栏目制作专题片《红丝寻砚》介绍其艺术成就，另外山东电视台、广东省电视台、内蒙古电视台、山东人物网等各级媒体也曾分别对其进行报道。

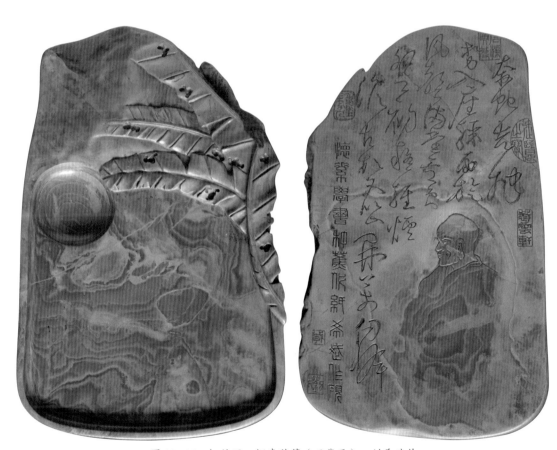

图 12-16　红丝石　怀素种蕉（正背面）　刘希斌作

图 12-17　金玉满堂　刘希斌作

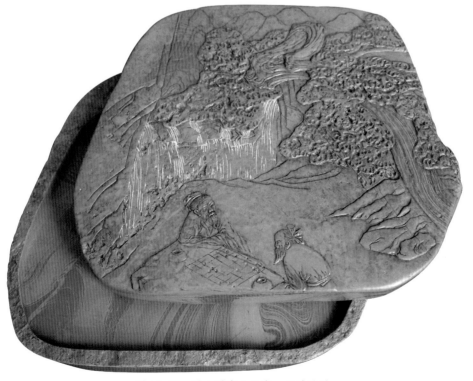

图 12-18　沂山瀑布六月寒　刘希斌作

丁辉

图 12-19　丁辉

丁辉，男，1961 年生于山东曲阜。1978 年，进入曲阜市工艺美术厂随贾玉潼、颜景新二位老师从事恢复传统尼山砚制作生产工作。后师从著名艺术家、鲁砚专家石可先生。1991 年，调曲阜市文物管理委员会工作。现为曲阜市文物管理委员会高级工艺美术师、曲阜市汉魏碑刻陈列馆馆长、曲阜师范大学书法学院客座教授、山东省工艺美术大师、山东省工艺美术协会常务理事、山东省工艺美术学会制砚石刻专业委员会副主任委员、山东印社社员。（图 12-19）

三十多年来一直从事鲁砚特别是尼山石砚的设计制作工作。作品多次在国内外展览，获山东省工艺美术设计大奖赛一等奖、百花杯中国工艺美术铜奖、全国工艺美术优秀创作奖。尼山砚制作技艺被山东省政府批准为省级非物质文化遗产项目，在国内外享有较高的声誉。作品被《中国名砚鉴赏》《鲁砚的鉴别欣赏》《山东工艺美术精品集》《中国当代工艺美术名人辞典》收入。（图 12-20、图 12-21）

图 12-20　君子无逸　丁辉作

图 12-21　尼山石　玉壶砚（正背面）　丁辉作

傅绍祥

图 12-22　傅绍祥

傅绍祥，1957 年生于山东临朐，大专学历。自幼喜欢书法艺术，中学时期师从周正群先生学习绘画、美术，并在校办工厂雕刻红丝石工艺品。20 世纪 80 年代末，分别师从著名金石学家石可先生学习篆刻和砚铭镌刻，师从著名书法家高小岩先生学习书法，在书法篆刻、古文、古文字、诗词等方面打下了一定的基础。其书法作品多次被各级书籍、杂志刊登。砚铭作品被收入《山东省工艺美术作品集》，两次在中国文房四宝协会组织的全国评选中获金奖。其砚铭诸体皆备，将书法篆刻艺术与雕刻艺术相柔和，并擅单刀镌刻，以刀代笔，金石韵味较强，体现了艺术与工艺的综合美。（图 12-22 至图 12-26）

近几年潜心于砚史方面的理论研究，著有《中国名砚——红丝砚》、砚文化系列丛书《红丝砚》。砚专业论文分别被《收藏》《宝藏》《收藏趋势》等杂志发表。2014 年结业于清华大学高级工艺美术研究班。

现为山东省书法家协会会员、山东省工艺美术大师、中国文房四宝制砚艺术大师，山东临朐红丝砚艺术馆馆长。

图 12-23　临朐紫金石石鼓砚　傅绍祥作

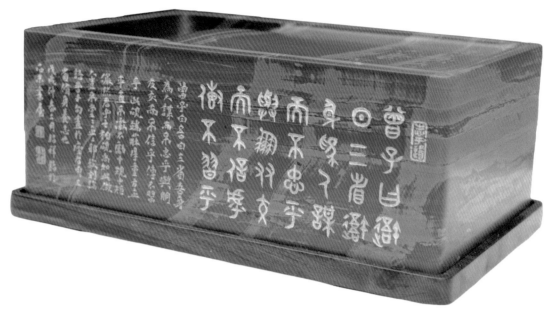

图 12-24　红丝砚（侧面）　傅绍祥铭

图 12-25　红丝砚（正面）　傅绍祥铭

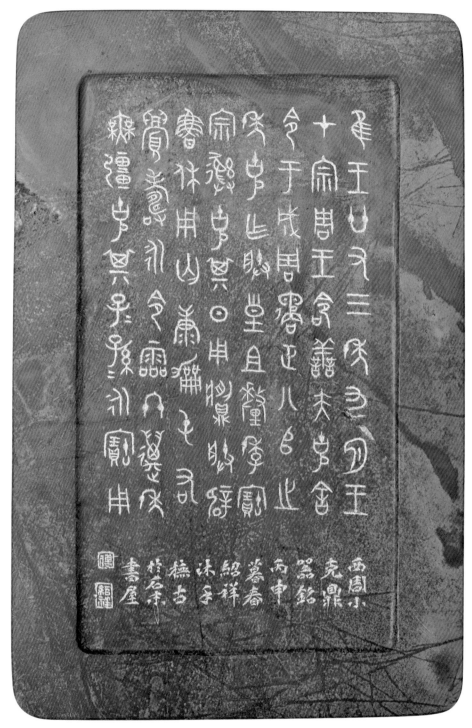

图 12-26　红丝砚　傅绍祥铭

刘克唐

图 12-27　刘克唐

刘克唐，1952 年生，号仁因居士，又号无砚斋主人，山东临沂人。当代著名工艺美术家、治砚艺术家，兼修书画、篆刻，善治铭文。中国工艺美术大师、亚太地区手工艺大师、高级工艺美术师，历任工艺美术国展评委。曾参与编著《中国名砚鉴赏》，并著有《鲁砚的鉴别和欣赏》《刘克唐砚谱》《论砚十二品与四病》等多部专著和论文。（图 12-8-1）

现为中华炎黄文化研究会砚文化联合会常务副会长、山东省工艺美术学会副理事长、中国工艺美术馆专家组成员、中国轻工珠宝首饰中心专家委员、广东省文史馆特聘研究员、山东省工艺美术学院客座教授、山东省砚文化发展研究中心首席专家。

刘克唐是我国治砚行业的著名艺术家，其艺术成就在国内外都有重大影响，治砚作品多次作为国礼赠送与外国国家元首。他作为工艺美术行业的杰出代表，多次受到党和国家领导人的接见。启功先生曾题写"石之交，文之武，笔之歌，墨之舞，大师余技此中读"的诗句赞美其治砚，张仃先生更是给予"石能言"的高度评价。《人民日报》、《大众日报》中央电视台、新华网、山东电视台等多家媒体对其艺术成就作过专题报道。

　　他治砚之余，著述立作，研习书画、篆刻，并融于治砚当中。在他长期艺术创作实践中，实现了"天人合一""古朴典雅"的艺术主张。他的作品构思新颖，手法质朴，简洁抒情，蕴意深邃，赋顽石以生命，融华夏文化于其中，具有鲜明的"文人砚"特色。（图 12-28 至图 12-34）

图 12-28　红丝石砚（正背面）　刘克唐作

图 12-29　红丝石砚（局部）　刘克唐作

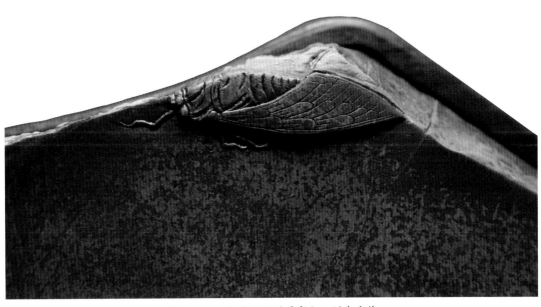

图 12-30　红丝石砚（局部）　刘克唐作

图 12-31　金星石　舟节砚（正背面）　刘克唐作

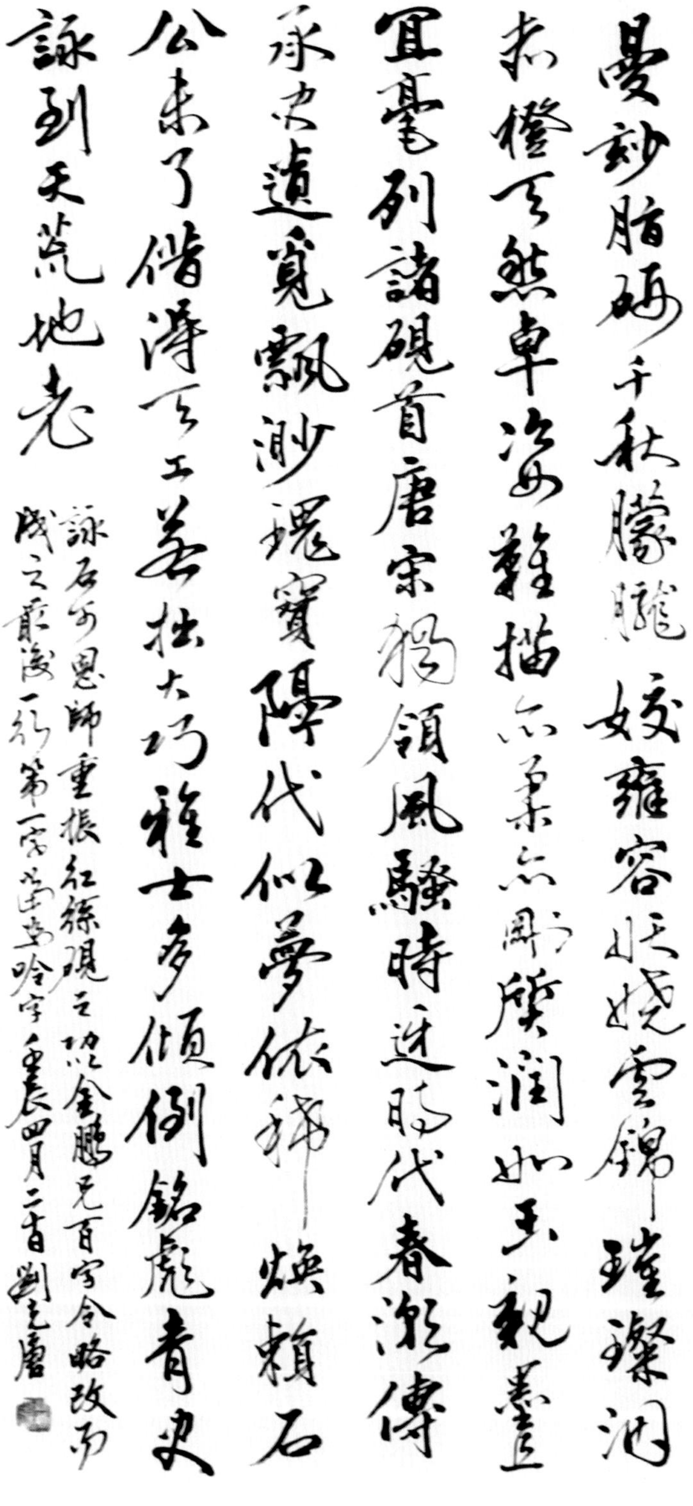

曼妙脂砑千秋朦胧　娇姹雍容比娥雪锦璀璨泛
朱橙丕然卓荦雄描点柔点雕广润如玉亲鉴
宜置列诸砚首唐宗独领风骚时迄胀代春波传
承史遗宽飘渺琚宝陨代似梦依稀焕赖石
公束了偕净丕若拙大巧雅士多倾例铭庞青史
咏到天荒地老

咏石句恩师重振红丝砚之恐金鹏无百字令略改而
成之震波一行第一宏蜜堂吟字重辰四月二青刘克唐

图 12-32　刘克唐书法

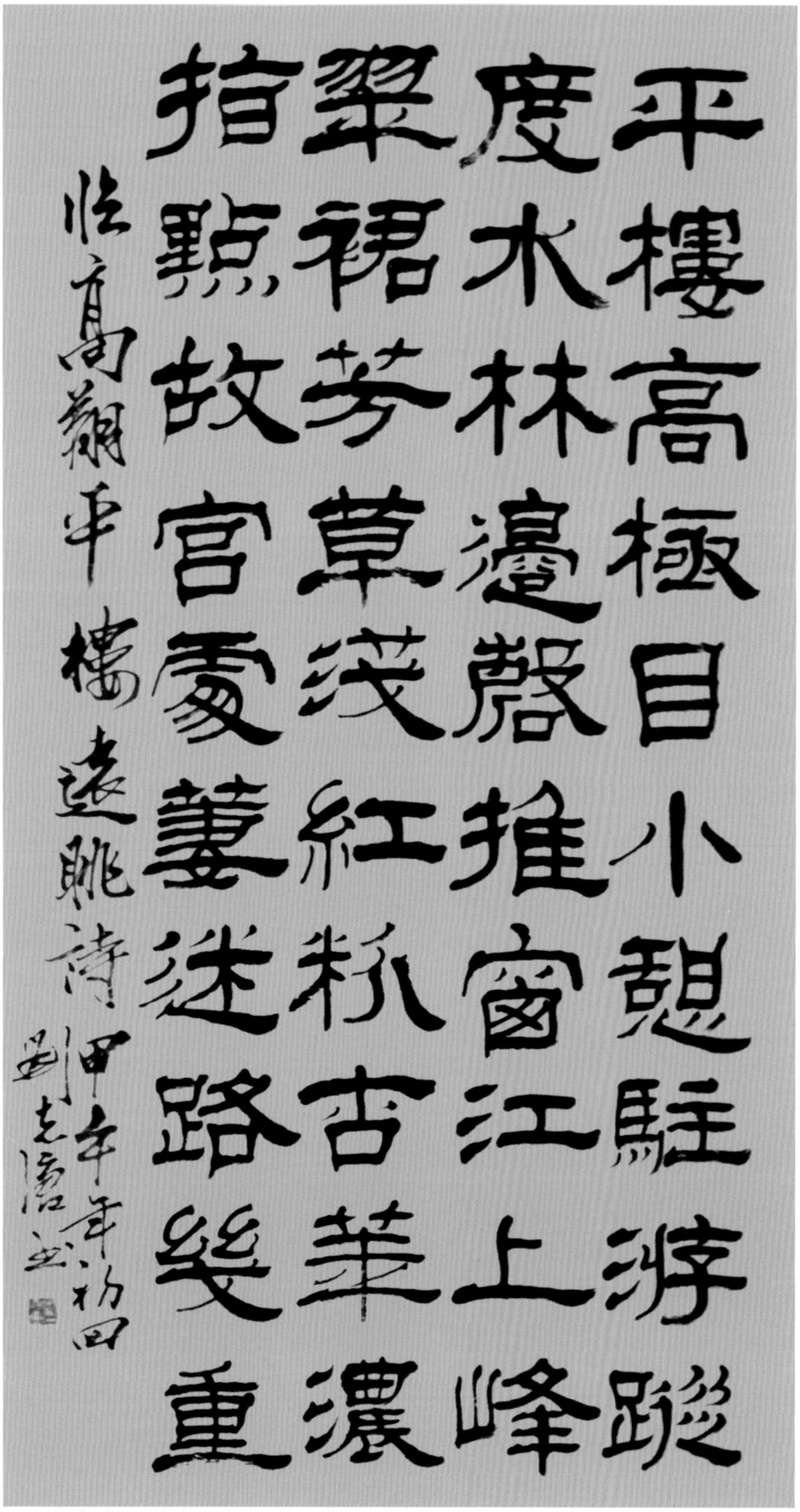

平楼高极目小憩驻游踪
度水林边壳推窗江上峰
翠裙芳草浅红粉古华浓
指点故宫忧蓁迷路几重

临高翔平楼远眺诗 甲午年初冬 刘克唐书

图 12-33　刘克唐书法

图 12-34　雁荡山秋色图　刘克唐

制砚平生诗画补闲（节选）

中国制砚艺术日渐"式微"，砚之功能日渐衰退。砚越做越大，越雕越多，"以工代艺"的现象越来越严重。有人云"砚失之用，砚堂何用"，是以砚堂越来越小，砚非砚矣。

刘克唐先生是著名的制砚艺术家、中国工艺美术大师，在当代治砚艺术发展中，所做出的贡献已逐渐确立了其自身的学术地位。虽声名海内外，然为人为艺仍然显得那般谦和与勤奋，那深居简出的从容态度与谨严风格、其处事立身完全一学者之风。

我于砚事是门外汉，初识先生是十几年前的事。先生斋号"无砚斋"，以先生所释为"制砚半生，而无一砚中意者"。然以我理解，则是他对"砚已非砚"的担忧。"砚非砚，天下无砚"才是其斋号的本意。先生长我20岁，故我以长辈尊之，然而先生却从不以"大师"自居，也不以前辈自居，平时一起，倒像是平辈朋友，无所不谈。先生诙谐而性急，真率而无欺，说什么是什么，对错责任自负，有请其掌眼买画者，不论什么名头，先生总言先看画。评砚也是如此，国内国外几个知名制砚家，他了如指掌，即使大家制砚，"非砚作品"，他虽不点评（因为大多是他的同行，并且是朋友，碍于面子），但不说话，是为不评之评也，我们心知肚明。让作品说话，在他这里，作者说话等于零、作者名头等于零。

刘克唐先生平时推崇的艺术名人很多很多，然其最推崇的当推黄质先生。黄质画强调"内美"，这与他的制砚所追术的境界相合。初看平淡无奇，再看有大读头，复看回

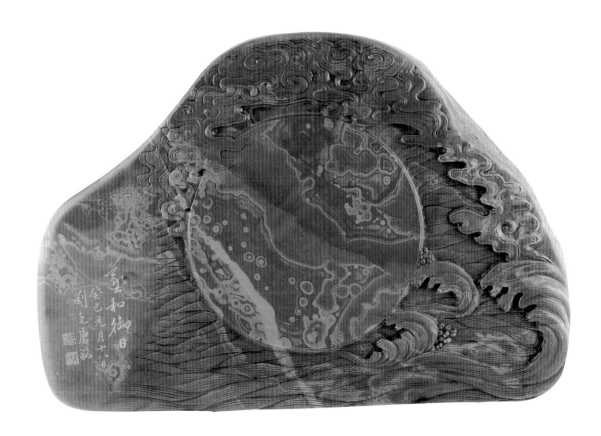

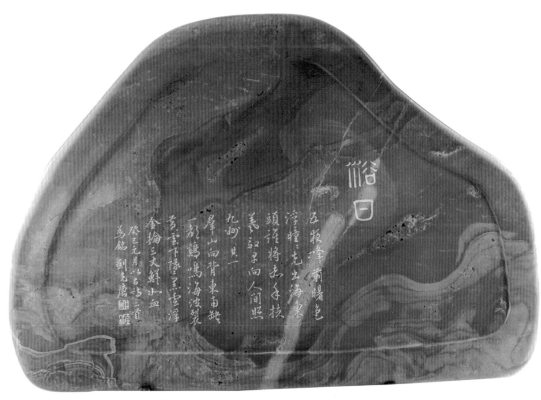

图 12-35　海天浴日砚（正背面）　刘克唐铭

味无穷。所谓艺术品的"可读性"，在其作品中可充分反映出来。刘克唐制砚强调"天人合应""以砚为器"。所以先生制砚，真砚也。对于其制砚，我不再作过多的评论，因为启功、张仃诸前贤皆已题词评论，我再评论就是"狗尾续貂"了，还是先生那句话，让作品说话去。

先生潜研制砚多于经、史、子、集、儒、释、道、易求证，每有妙言，或刻之于石，或题之于画，及他的治印及诗词论文等，皆有感而发。

刘克唐先生制砚之余，亦多舞弄笔墨。起先多见先生常于书法遣兴自娱，近年却时发画兴，什么八大、石涛、徐青藤、老缶、黄质、齐白石，兴致上来，似是也非，似非也是，扬扬洒洒，轻轻松松。形象有间道无间，知人者智，自知者明。音者之形，墨者之象，扼其法，方可致其清虚。画法之为技法，技进乎道，乃能其妙格。古人常以"弦外之音""味外之味"来比喻艺术作品奥理。其实，东坡所说的"论画以形似，见与儿童邻。论诗比此诗，定非知诗人"也是这个意思。余与先生常谈论一些关乎画家与画匠的问题。道理很简单，画家是有思想的，是用心去画。而画匠则不，既无思想又无传统与生活基础，一味刻画描摹，所以两者不可同语而论，制砚又何尝不是如此。（图12-35）

刘克唐先生既非画家亦非书家，乃名副其实的制砚家。但他心底深处所蕴含着的那份"道常无为而无不为"的自正心法，从某种程度上是许多专业画家所体悟不到的。同样都是在学一人，有人学其笔，有人学其墨，亦有人学其整体结构，到头来不过为了一个"技"而废纸万千。先生虽未经过专业技法训练，但他长期在雕砚中所获得的那种纯化过程，无论从立意、造势与气格精神上已锤炼出一种物与人化的思想境界。我常常在想：为什么有的画家，一辈子不能成器；而有的画家，因一两幅画一鸣惊人。究其原因，为艺之道，须要有渊博之知识、非凡之精神气质、不同寻常之经历、过人之悟性，才能成就自我。现世之中，求名索利者众，潜心力学者少。先生身居繁杂之闹世，一心课研艺术，不为世俗所染，长此以往，安心治学，其为艺态度实难能可贵。

先生书法以篆书为长，所作古籀，苍浑雄朴，有古树盘藤之深意，或为石鼓，或拟甲骨，皆能古趣生发。余曾见先生临石鼓文八尺十屏，纵观全貌，气势恢宏，单字至整体如若有击鼓之鸣，令人荡气回肠。

山水画多取法黄宾虹，意参八大。先生犹喜作巨帧，且能日久积染，层层深入。披图幽对时，如身历云林山峦，万物草木之郁薄、之枯槁，因蕴而生。一物一景，以理融通，皆在于灵明洒脱的高旷之心境，观之不禁令人一叹。这是我常观其作、常谈其艺的一点个人看法。明眼人可观，知情者自识。

刘克唐先生不仅研书作画，其实先生平生最大兴趣是随感而发的小品文，或以诗出，或以词言，所出言语皆发自内心，旁引博征亦为他为文之强项。年近花甲的他曾有小诗一首，不妨抄录于下，供赏者一读究竟。

"昔年事农桑，今朝乃石匠。昔穷今亦贫，未敢凌云想。终日笔刀累，犹似锄禾忙。甘为孺子牛，愿作嫁衣裳。"

读书穷理，以识趣为先。书画本小技，然其乾坤之大，其中玄妙，是非一言两语所能表达。说到底，先生以制砚为生，书画乃余技，闲暇养心乃学人之故。故其以书画以养砚也。

刘克唐先生以其三十余年的实践，开一代砚风。他的艺术实践是建立在一座内涵极为丰富、充实的宝库之上，他的艺术正逐步被人们理解认同。他立己境，成己法，所以他的制砚作品已有金石风骨、书卷气韵，更有着他自己赋顽石以生命，深五千年文化于其中的超然境界。先生以特有的天赋和敏锐的艺术感知力和当代艺术界少有的"耐得寂寞"的自控力，正建立起一座无形的文化大厦，他的艺术成就具有独立的学术价值，必将昭示后来。

（杜小荃）

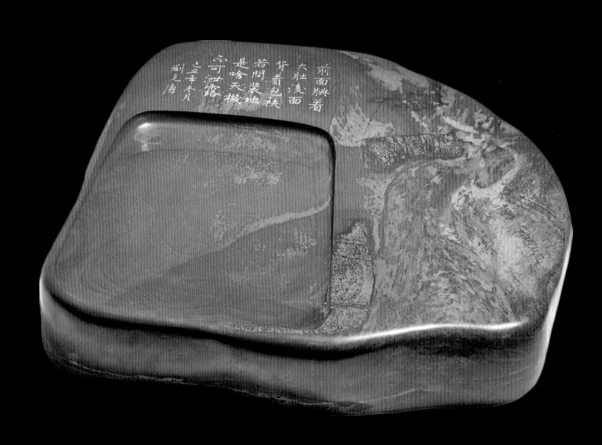

前面腆着
大肚後面
背着包袱
若問裝地
是啥天機
不可洩露
立春念月
劉克唐

第十三章 鲁砚的使用
保养和收藏

第一节　鲁砚的使用

　　鲁砚制作完成后，一般有三种处理手法对砚石进行美化和养护：一、将砚体加热（加热吹风或水煮）后用固体石蜡进行涂拭。二、用液体石蜡或其他液体油直接进行涂拭。三、用细砂纸对砚体进行打磨抛光。用石蜡上光的砚使用前应用细砂纸将砚堂的蜡磨去，之后即可研磨使用。用液体石蜡或细砂纸打磨上光的砚，可不打磨直接使用。

　　鲁砚品种繁多，有的密度较高，有的密度较低。密度较高的砚如金星砚、老崖崮所产的红丝砚，应用较软的墨块进行研磨，可有利于发墨。此类砚种下墨虽较慢，但发墨细腻，如油且益毫。用于研磨朱墨，更堪称佳品。密度适中的砚种如徐公砚、青州红丝砚、田横砚、砣矶砚、浮莱山砚等品种可兼容使用软墨或硬墨。另外淄砚、尼山砚中密度较低的砚石应上石蜡保护，可不必磨去砚堂的石蜡直接使用，以不伤砚体。砚堂打磨过细的砚，使用前也需要用800目左右的砂纸进行打磨，可以加快下墨。因长期使用致使砚堂过于细密者，也可采用此法进行重新打磨。

　　古代文房讲究窗明几净，砚台一般都需保持洁净为上。砚石磨墨使用之后应及时洗砚，并放置于阴凉处晾干。古时多用丝瓜瓤洗涤砚堂墨渍，现亦可用废旧毛巾等柔软材质进行擦拭。如需使用宿墨者，应将所剩余墨倒入其他器皿中储存。切不可储墨于砚堂，若墨干后去除较难，且容易伤砚。（图13-1-1至图13-1-3）

图 13-1-1　书卷砚　16cm×9cm×3.2cm　郭季雨作

图 13-1-2　红丝砚　闫金鹏作　刘克唐铭

图 13-1-3　弥勒砚　刘克唐作

第二节　砚石的保养和收藏

　　最好的砚石保养是上手把玩（古砚不在此列）。经常把玩的砚会形成"宝光"，也就是我们所说的包浆。如果藏砚者多居北方干燥之地，可定期适量涂抹液体蜡（核桃油等）进行养护，但要注意分量不宜过多，多余的油要用棉布擦掉。鲁砚中有些自然石边的砚种，需使用棕刷（或废弃的牙刷）进行清扫砚边。在欣赏把玩砚台前，一般要在砚下放置软布，砚台周边不可放置利器或者金属器之类的物体，以免伤砚造成残破而令人叹息。然过分吹毛求疵，亦不可取。曾见有赏砚者每每赏砚必戴白色手套，恐伤砚体。倘若如此便不能体会砚石手感，不可享受人与砚的亲近，更形成不了美妙的"宝光"。余以为此法不可取。

　　储存砚台，最好放置在通风、避光、干湿度适宜的室内进行收藏。窗台或阳台等强光照射的地方不宜长时间放置砚台。砚台在暴晒下，容易干燥失去光泽，更有甚者可致砚台断裂破损。如地下室等一些潮湿的场所也不易于存储砚台，特别是经过打蜡保养的砚石在潮湿环境下会出现霉斑等污渍，难以去除，只有经过重新打磨抛光才能去除。

　　一般根据收藏家要求，制砚家会为砚台配盒，也有收藏家根据个人喜好和财力请人配盒。砚台包装是砚文化的重要体现之一，好的包装可以提高砚台的欣赏价值，同时还能起到保护砚体和防尘的作用。中国古代砚盒品种繁杂，有金盒、银盒、玉盒、石盒、木盒等。像金属盒和玉石盒可增加砚的美观，如清代康乾时期皇宫所制御用松花砚采用石匣储砚。因此法无法避免摩擦磕碰，现今并不提倡，其他砚种效仿者甚微。《砚书》言："砚由匣所以爱护善哉，不使尘蒙拒墨伤笔也。"《砚书》又言："藏砚……匣用漆素为上，次用紫檀为雅。"所以如若收藏到一方上好的鲁砚，可选用漆盒、紫檀或其他红木配盒。讲究者匣底可加锦缎做底衬，使砚得到更好的保护并增加整体品质。如果不经常使用的砚台，在砚匣外一般还会加锦盒包装，方便存储。

　　总之，用砚者惜砚，惜砚者爱砚。在使用、保养和收藏砚台的过程中，让砚台变得更具魅力，避免砚台磕碰损伤是我们藏砚的最根本原则，同时用心体会学习砚台所承载的优秀传统文化，是我们收藏砚台最大的乐趣和收获。

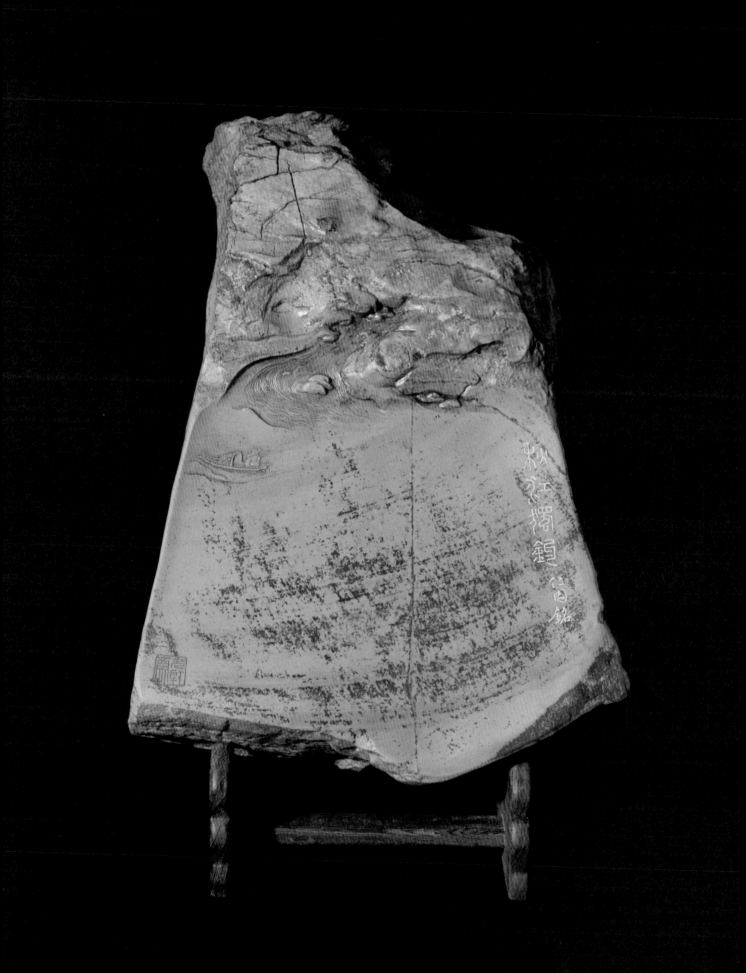

第十四章　鲁砚精品欣赏

红丝石砚精品欣赏

图 14-1　红丝石　状元卷　高东亮藏

图 14-2　佛和祥瑞砚（正背面）　17cm×13cm×3.3cm　齐增升作

图 14-3　大音砚（正背面）　17cm×13cm×3cm　刘晓伟作

图 14-4　抄手砚　13.5cm×11cm×4cm　吕泳剑作

图 14-5　海天旭日砚　22cm×16cm×5cm　刘顺祥作

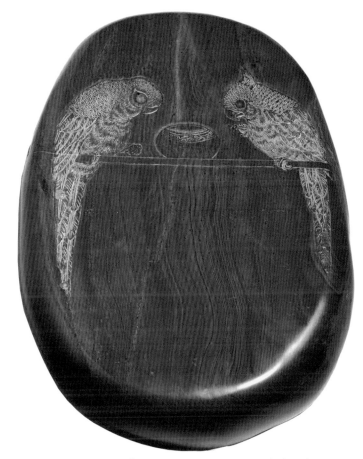

图 14-6　鹦鹉砚　23cm×17cm×5cm　李茂文作

图 14-7　荷叶砚　34cm×49cm×13.5cm　高东亮作

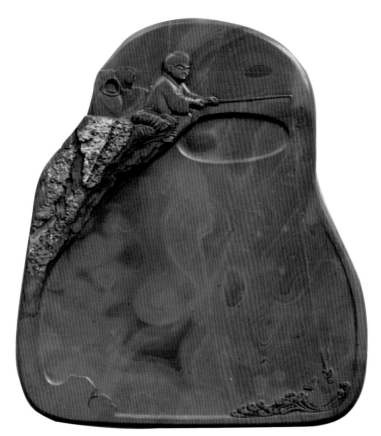

图 14-8　垂钓砚　王龙作

图 14-9　龙纹砚　王龙作

图 14-10　黑山老坑秋江独钓砚　30.5cm×21.5cm×7cm　高东亮作

图 14-11　寒江独钓砚　王龙作

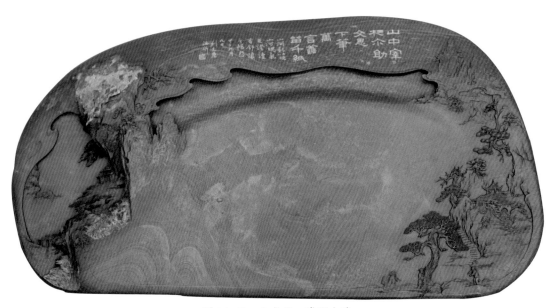

图 14-12　山水砚　傅明才藏

图 14-13　日出海东红砚　60cm×48cm×8cm　高东亮作

图 14-14　四季平安砚　祝继军作

图 14-15　随形素池砚　16cm×18cm×4.5cm　蔡传胜作

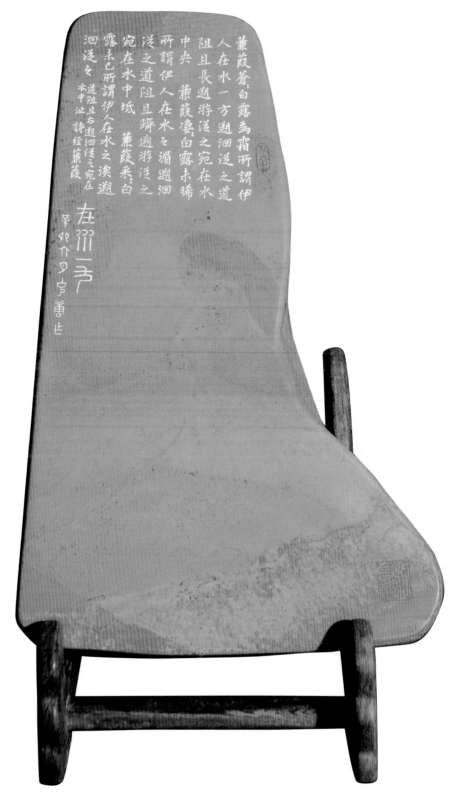

蒹葭苍苍白露为霜所谓伊
人在水一方遡洄从之道
阻且长遡游从之宛在水
中央蒹葭凄凄白露未晞
所谓伊人在水之湄遡洄
从之道阻且跻遡游从之
宛在水中坻蒹葭采采白
露未已所谓伊人在水之涘遡
洄从之道阻且右遡洄从之宛在
　　　　　水中沚　诗经蒹葭

在水一方
甲午仲夏东亮唐止

图 14-16　在水一方　29cm×18.5cm×4.5cm　高东亮作

佛心常在砚（正背面）　齐增升作　18cm×14cm×4.5cm

山水砚　38cm×32cm×9cm　朱化光作

红丝石砚　姜书璞作

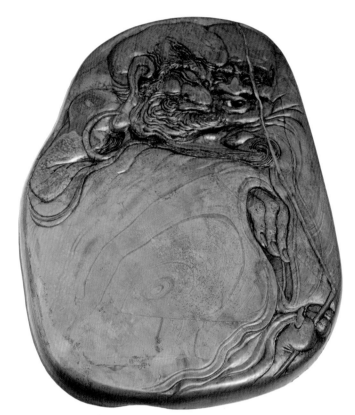

达摩砚　28cm×23cm×5cm　刘晓亮作

图 12-7-3　玉堂砚　冯日宝作

瓜砚　18cm×9cm×4cm　李万江作

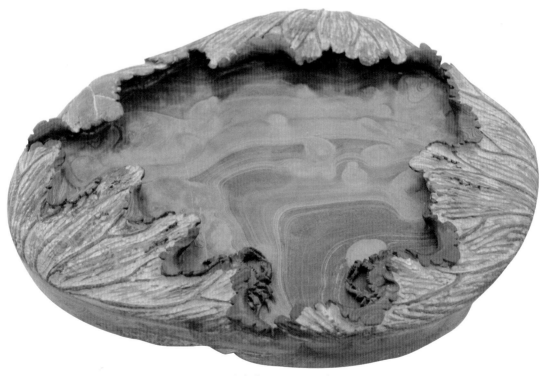

和谐富贵砚　刘文远作

龙纹砚　冯继正作

祥云砚 杨光升作

锦麟游泳砚 刘文远作

状元砚（正面）　王小平作

状元砚（侧面）　王小平作

仿古砚　祝继军作

瓜瓞绵绵砚　冯日宝作

徐公石砚精品欣赏

麒麟砚　董西全作

停云砚　陈旭宝作

三台砚　张玉杰作

鸟巢　张玉杰作

残碑砚　张玉峰作

残碑砚　董西全作

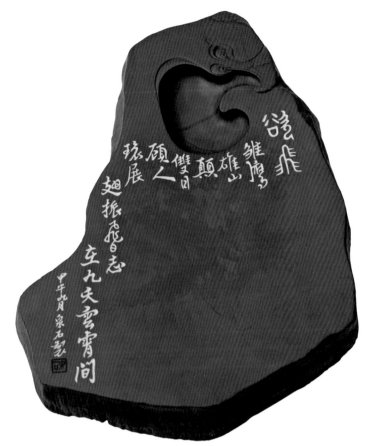

雏鹰砚　崔洪良作

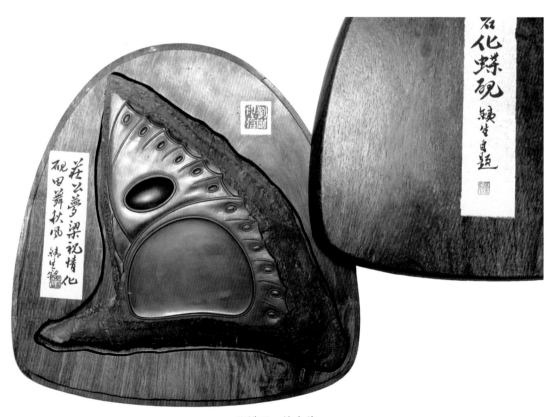

化蝶砚　铁生作

竹简砚　黄传斌作

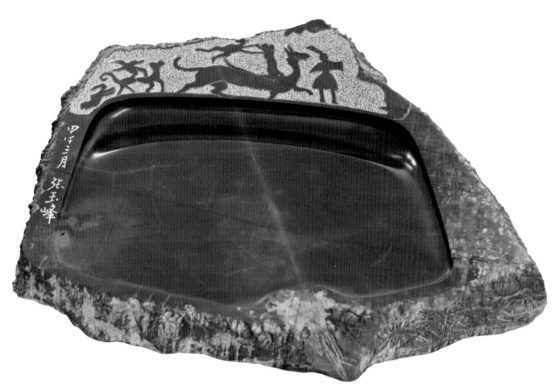

汉画像石砚　张玉峰作

双凤砚　田芙蓉作

凤凰砚　田伟杰作

青铜凤纹砚　田芙蓉作

青铜砚　董西全作

七星山砚　彭洪宝作

桃花源记砚　陈英民

金星石砚精品欣赏

补文思砚 刘克唐作

古泉砚 陈文明作

张玉杰作

张玉杰作　刘克唐铭

福寿砚　涂庆怀作

太朴砚　铁生作

石鼓砚　王法斌作

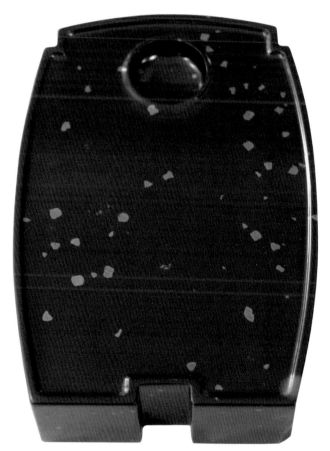

古币砚（正背面）　涂效见作

刘克唐作

和谐砚　王伟作

金声砚　铁生作

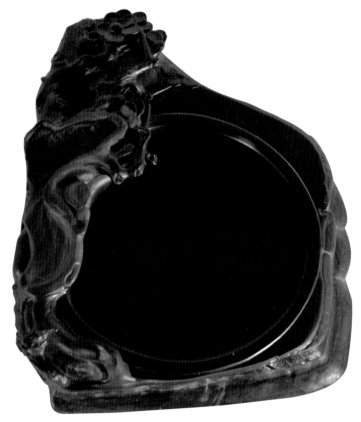

梅花砚　张建余作

墨海游龙砚　刘志强作

淄石砚精品欣赏

淄砚　高洪刚作

古瓶新意砚　徐峰作

如意砚　徐峰作

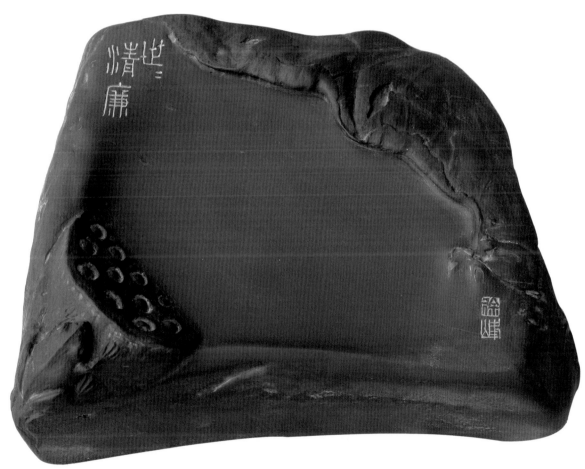

世世清廉砚　徐峰作

徐峰作

徐峰作

竹林七贤砚　徐峰作

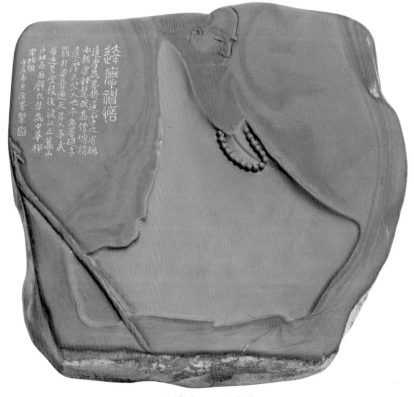

达摩神悟　徐峰作

薛南山石砚精品欣赏

鹅池砚（正背面）　刘克唐铭

甘露砚（正背面）　刘克唐作

薛南山石　采菊砚　亓石明作

尼山石砚精品欣赏

春色平板砚　李春汉作

平板砚　李春汉作

圣地春砚（正背面）　丁辉作

张猛龙碑文砚　丁辉作

圣城古韵砚

雨霁砚　丁辉作

把根留住砚　王涛作

春江晓景砚　丁辉作

十里山泉听蛙声砚　王涛作

燕子石砚精品欣赏

独归砚（正背面） 刘克唐作

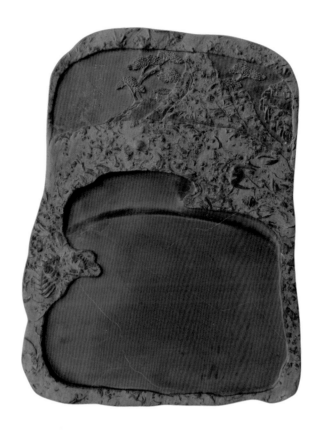

云根出山　霞蔚其文　墨池灌溉　虹色金蚕　德无声誉　鸿熙出纳　美抱披注　思青溥施　似镜正直　守中有铭　簪香锡　训是勋我　皇圣德　监水其敬　雕德之　定鉴得化肥　天花引纸　晴载陈辉光日新　乾行坤厚　锡福　自求多福德　以介眉祉百福千祀

燕子石砚（正背面）　张瑞乾作

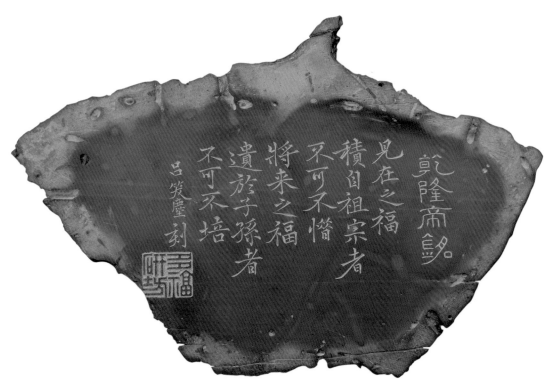

云燕北归砚（正背面）　张瑞乾作

全石砚（正背面）　张瑞乾作

龟石砚精品欣赏

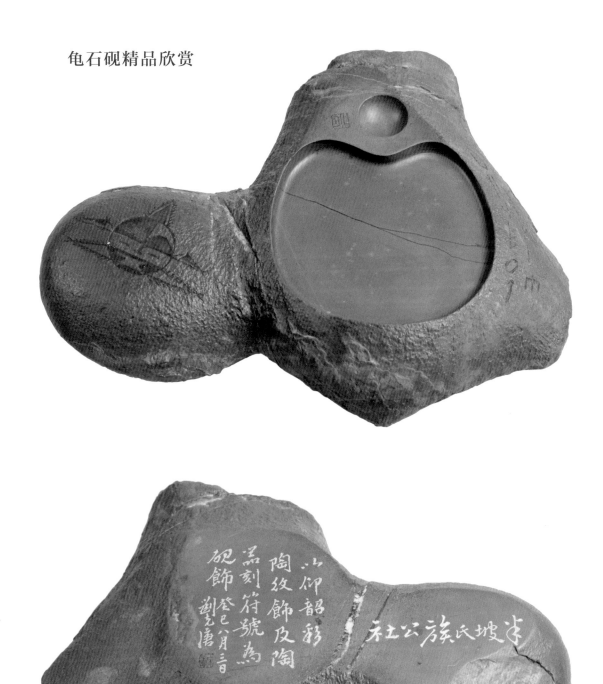

龟石彩陶纹饰砚（正背面）

龟石生命之源（正背面）　刘克唐作

卵形砚

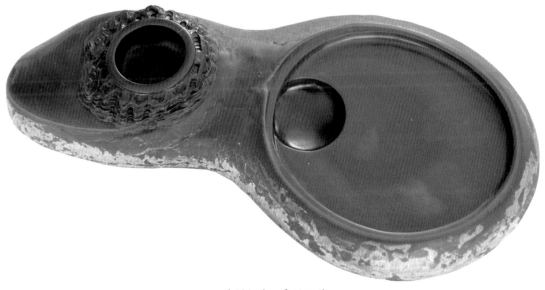

难得糊涂　高星阳作

龟石砚（正背面）　高星阳作

甲骨砚　刘克唐铭

龟石砚

田横石砚精品欣赏

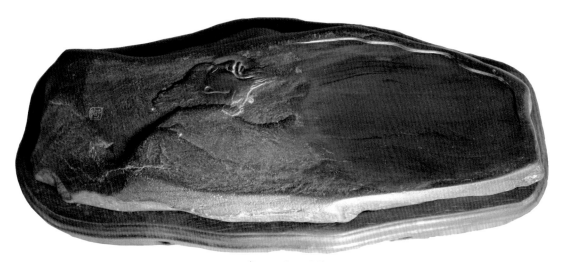

观象砚　张洪星作

石砚　张玉杰作

玉纹砚　张洪星作

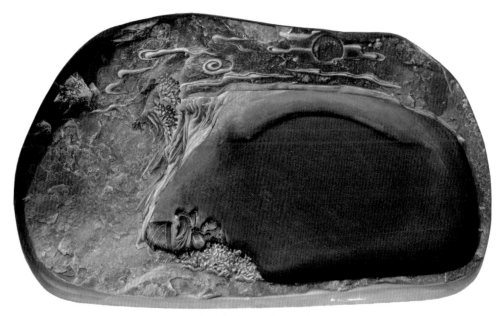

夜游赤壁砚　张洪星作

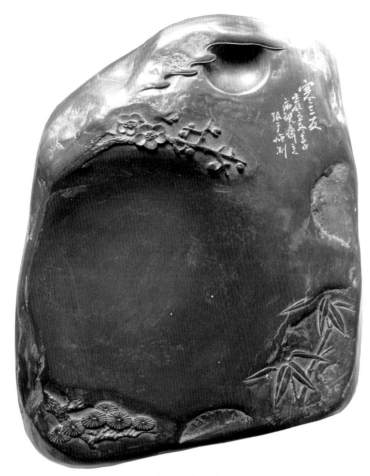

三友砚　张洪星作

张洪星作

浮莱山石砚精品欣赏

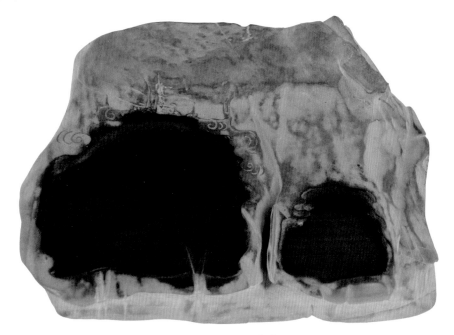

双池砚　宋维津作

麒麟砚　宋维津作

砣矶石砚精品欣赏

惊涛举日砚　廖芝军作

天成鱼砚（正背面）　31cm×62cm×7cm　王守双作

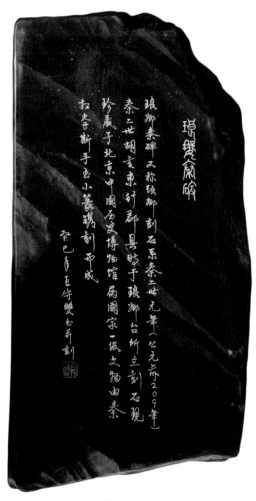

秦碑砚（正背面）　　42cm×22cm×7cm　　王守双作

大雁迎日砚（正背面）　王守双作

砣矶砚　廖芝军作

随形砚　郭季雨作

河图洛书之砚　廖芝军作

纵身一跃上龙门砚　廖芝军作

风雨归舟砚　44cm×31cm×6cm　王守双作

砣矶砚　廖芝军作

一生如意砚　廖芝军作

紫金石砚精品欣赏

望月砚　李冠增作

傅绍祥作

紫石砚　王鹏藏

渠砚　孙凤海作

烟云随心砚　李冠增作

紫金祝福砚　王秀良作

澄泥石砚精品欣赏

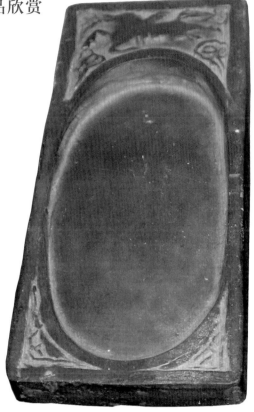

澄泥砚　平邑县出土宋代鲁柘砚

澄泥砚　平邑县出土宋代鲁柘砚

洛河献书砚　杨玉祯作

布泉砚　杨玉祯作

布泉砚

仿明砚

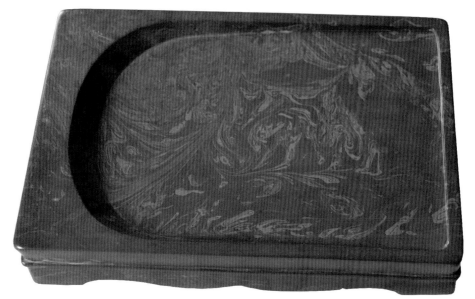

绞泥砚　杨玉祯作

绞泥砚　杨玉祯作

参考书目

汉许慎《说文解字》

三国西晋皇甫谧《高士传·许由》

宋欧阳修《砚谱》

宋唐彦猷《砚录》

宋姚令威《西溪丛语》

宋苏易简《文房四谱》

明《青州府志·器用之属》

明余怀《砚林》

明高濂《遵生八笺》

明《兖州府志》

清《四库全书·西清砚谱》

清《临沂县志》

清康熙《颜神镇志·物产》

清乾隆《淄川县志·续物产》

清王渔阳《池北偶谈》

清高凤翰《砚史》

清《即墨县志》

民国《淄川县志·再续物产·砚石篇》

民国《胶济铁路经济调查报告》

现代石可《鲁砚初探》

现代石可《鲁砚》

现代蔡鸿茹、胡中泰《中国名砚鉴赏》

现代刘克唐《鲁砚的鉴别和欣赏》

现代闫金鹏《砚北随记》

后 记

这本《鲁砚》实际上是之前曾出版过的《鲁砚的鉴别与欣赏》的续书。

鲁砚不像其他兄弟砚种，地域集中、品种单纯。鲁砚产地分散于山东各地，许多砚坑的照片非得亲自跑才能拍到。虽然过去有一些资料，但时过境迁，早已今非昔比。但为了得到第一手资料，笔者跑遍了各砚种的砚材产地，也跑了许多冤枉路，浪费了不少时间和汽油。自2012年底到现在，屈指算来也有两年的时间，在这两年里还要筹建"岭上砚文化博物馆"。所以只能将《鲁砚》一书的编写当作一种副业，忙里偷闲，挤出一点时间编写。如今总算把它整理出来，真有一种如释重负的感觉。

这本书是在石可恩师《鲁砚》和以前出版的拙著《鲁砚的鉴别与欣赏》的基础上整理的。但有的石品如温石，已被水库淹没无法开采，所以没有收入。关于青州红丝石，我曾在《鲁砚的鉴别与欣赏》一书断言：随着国力的增强和当地砚人的重视，以后青州老坑红丝石重新开发不是没有可能。果然今天青州黑山老坑及周边也陆续发现了大量的优质砚材。石可先生如果九泉有知，见到今日青州红丝砚的发展盛况，也当深感欣慰。这也否定了一些权威书刊提出的由于青州红丝石资源匮乏、交通不便，青州红丝石已绝的论点。关于鲁砚的艺术风格，由于石先生在《鲁砚》一书中有了精辟的阐述，再写也是多余的，所以写的较少。今天的鲁砚人大多已根据石先生的理论思想进行创作，因为石先生及他老人家的《鲁砚》已经为我们这些后来者树立了坐标。至于少数背离了其创作理念进行的所谓创新，等他们明白过来之后，终究会回归到石先生创作理念的规道。

这本书，虽说是由我整理而成，但是客观地讲，它是我们山东鲁砚人的集体智慧的结晶。尼山石部分由丁辉先生编写，砚坑资料则由郝元勋先生提供，作品图片多采用丁辉、李春汉的；淄砚部分则由高洪刚先生编写，作品图片多用高洪刚、徐峰的；红丝砚部分参考了傅绍祥的《红丝砚》。还有王守双、廖芝军、张洪星、张瑞乾等先生为本书提供了大量的资料及作品图片。纪念石可先生的文章则是由闫金鹏撰写，我只不过略有删增而已，在此一并致以深深的谢意。

　　这本书的编写也得到家人的支持，刘刚负责了一部分编写，刘平栾、郑静静在打字、校对、摄影诸多方面也替我干了不少活。这里也顺便说一句。

刘克唐　2015 年 1 月 12 日